TRAITÉ PRATIQUE

DE

PLATINOTYPIE SUR ÉMAIL,

SUR PORCELAINE ET SUR VERRE.

BIBLIOTHÈQUE PHOTOGRAPHIQUE

TRAITÉ PRATIQUE

DE

PLATINOTYPIE

SUR ÉMAIL,

SUR PORCELAINE ET SUR VERRE,

Par GEYMET.

PARIS,

GAUTHIER-VILLARS ET FILS, IMPRIMEURS-LIBRAIRES,

ÉDITEURS DE LA BIBLIOTHÈQUE PHOTOGRAPHIQUE,

Quai des Grands-Augustins, 55.

1889

TRAITÉ PRATIQUE

DE

PLATINOTYPIE SUR ÉMAIL,

SUR PORCELAINE ET SUR VERRE.

CHAPITRE I.

Similitude et différence entre deux méthodes.

Nous avons expliqué, dans notre *Traité pratique des Émaux photographiques* (¹), comment les oxydes métalliques des métaux non réductibles mélangés ou non d'un fondant convenable peuvent, par l'intervention de la lumière, se fixer sur une couche sensible étendue sur une glace et reproduire l'image qui est la contre-épreuve du négatif.

D'après cette méthode, qui est essentiellement pratique et industrielle, et qui est suivie dans tous les climats où la Photographie s'est propagée, c'est-à-dire partout, les oxydes métalliques sont

(¹) GEYMET. *Traité pratique des émaux photographiques* Secrets (tours de main, formules, palette complète, etc.) *à l'usage du photographe émailleur sur plaques et sur porcelaines.* 3ᵉ édition. In-18 jésus, 1885 (Paris, Gauthier-Villars et fils).

distribués au blaireau à l'état d'oxydes tout formés. Ces poudres sont arrêtées au passage par la couche hygrométrique et sirupeuse qui reprend l'humidité de l'atmosphère dans les parties sombres du cliché positif que la lumière n'a pas insolubilisées.

Les oxydes, dans cette première méthode, se fixent mécaniquement sur le verre, en raison de la quantité de lumière que ces parties ont absorbée.

La réaction qui s'opère est trop connue pour qu'il soit utile d'insister.

Mais il est bon de revenir sur ce que nous avons dit dans un autre Ouvrage pour marquer la différence qui existe entre les deux méthodes.

L'épreuve développée, reprise par la pellicule de collodion insoluble dans l'eau, peut dès lors entrer dans les bains nécessaires aux manipulations et passer sur le support vitrifiable qui se l'assimile par la fusion.

Les oxydes pénétrant dans la masse y forment une image fixe à l'abri de toute altération, puisque cette épreuve déposée à la surface s'incorpore au flux vitreux.

L'émail photographique par saupoudrage est sans contredit une des applications les plus utiles de l'industrie photographique.

Voyons maintenant quels sont les avantages de la seconde méthode que nous allons décrire.

Ce second procédé n'a rien de supérieur si nous n'envisageons que le résultat, puisque, dans les deux cas, les épreuves sont fort belles si l'opérateur est maître des réactions.

Mais le procédé qui nous occupe est d'une exécution plus facile. Il n'exige qu'accidentellement l'emploi du pinceau, indispensable dans l'autre manière pour exécuter les retouches.

Les accidents, d'autre part, y sont moins fréquents, et l'obtention d'une bonne épreuve est en quelque sorte le cas normal.

Le développement de l'épreuve vitrifiable ne dépend plus de la légèreté de la main. C'est l'objectif qui donne la reproduction et les transformations qu'elle subit sont réglées par des lois fixes et indépendantes.

Cette méthode, que nous nommerons *méthode par élimination*, est applicable par excellence à la reproduction du portrait sur émail et sur porcelaine.

Elle permet d'exécuter des vitraux de très grandes dimensions sans déplacer la pellicule.

Dire que nous décrivons une méthode née d'hier ne serait pas exact.

MM. Tessié du Motay et Maréchal (de Metz) en furent les promoteurs, et Grüne, qui était au courant de leurs travaux, produisit quelques bonnes épreuves par la *méthode de substitution*.

Mais le procédé n'a pas fait un seul pas en avant depuis cette époque, et nous ne connaissons guère qu'Henderson qui ait su en tirer parti.

En dehors des rares indications générales qui sont éparses dans les livres de Photographie et qui se reproduisent sous la plume des auteurs sans nouveaux éclaircissements et en dehors de toute expérience personnelle, aucun Ouvrage spécial n'a paru pour élever ce procédé au niveau des progrès de la Photographie moderne.

Les manipulations élémentaires, du reste, qui donnent la clef de ce travail, ne sont pas sorties du laboratoire privé, et les rares épreuves récentes qu'on peut voir ne sont pas à la hauteur de la méthode qui peut hardiment lutter avec les procédés les plus perfectionnés.

CHAPITRE II.

DE LA SUBSTITUTION
ET DE LA FORMATION DES OXYDES MÉTALLIQUES
DANS LA PELLICULE.

États divers des métaux.

Nous avons vu, dans notre *Traité de Galvano-plastie et d'Électrolyse* [1], que tous les oxydes, à l'exception des oxydes terreux, peuvent être décomposés par le courant électrique, et que dans ce mode d'analyse le métal réduit se porte au pôle négatif.

Nous savons encore que les métaux sont très facilement réduits par l'hydrogène, et nous devons noter plus particulièrement que, par manque d'une température suffisante capable d'agglomérer et d'unir les mollécules métalliques par la fusion, le métal reste à l'état pulvérulent et qu'il peut ensuite, sous cette forme, absorber l'oxygène dans le moufle pour régénérer l'oxyde qui l'a formé.

[1] Geymet, *Traité pratique de Galvanoplastie et d'Électrolyse, avec applications pratiques fondées sur les dernières découvertes.* In-18 jésus ; 1888 (Paris, Gauthier-Villars et fils).

Le métal à l'état pulvérulent se produit encore dans l'électrolyse quand le courant manque d'énergie.

Le métal se porte au pôle négatif à l'état d'oxyde noir. Le dépôt brillant ne s'opère qu'au moment où la force du courant devient suffisante pour refouler l'oxygène au pôle positif et pour l'isoler complètement du métal, en détruisant la combinaison qui unissait les deux éléments de l'oxyde.

On voit donc que le métal, par une force chimique (électricité, chaleur, lumière), peut être privé en tout ou en partie d'un de ses éléments, oxygène ou chlore, et se présenter sous deux aspects différents, à l'état métallique brillant ou à l'état pulvérulent, et que dans ce dernier cas la couleur peut en être modifiée.

Le métal affectera une couleur plus ou moins brune ou noire, suivant que l'oxygène le saturera plus ou moins, et qu'en s'écartant de l'état métallique il marchera par degrés vers l'état d'oxyde.

Quelque grande que soit la division des atomes métalliques résultant d'une force mécanique, le métal perdant son éclat conserve cependant trace de sa couleur propre, sans offrir cet aspect noir ou brun qui caractérise certains oxydes et qu'il ne peut acquérir que par l'oxydation. Du reste, tous les métaux infiniment divisés sont acides.

Ces observations, que nous pourrions multiplier, sont nécessaires pour comprendre et pour diriger la réaction qui est le point de départ et la base de la méthode par substitution ou par élimination, car les deux expressions rendent la même idée.

On peut expliquer pourquoi un métal peut, sans manifestation apparente, se substituer à un autre métal. La Chimie a formulé des lois que l'expérience confirme, mais il reste encore des points obscurs dans les réactions qui sont trop subtiles pour nos perceptions. Il serait difficile, en effet, de préciser la cause exacte de la réaction bien connue qui s'opère quand la lumière transforme l'iodure ou le bromure d'argent.

Mais il faut savoir attendre et ne pas trop se préoccuper de la cause, puisque nous bénéficions du fait.

Nous voulons en déduire que l'argent du sel haloïde subit une modification analogue à celle qui a sa manifestation en électrolyse. La lumière oxyde l'argent et le prédispose à la réduction en amenant le métal à ce point qui oscille entre l'état métallique et l'état d'oxyde pulvérulent.

Sans cette explication qui n'est pas gratuite, mais que nous déduisons de faits que nous avons observés, il ne serait pas possible d'expliquer ce qui se passe dans le moufle lors de la vitrification des épreuves formées par le procédé de substitution.

Nous avons déjà donné une preuve qui confirme ce que nous disions en parlant des effets du courant électrique sur un corps binaire quand l'électricité est apparente.

En voici une deuxième, analogue à la première, mais déduite d'une réaction où l'électricité ne joue qu'un rôle latent.

Dans l'argenture des glaces, l'azotate d'argent est d'abord transformé en oxyde, c'est-à-dire en ammoniure. Le précipité est ensuite redissous par un excès d'alcali.

L'ammoniure est alors mêlé à un bain de potasse. Si l'on verse dans le bain quelques centimètres cubes d'une solution de sucre interverti acidulé par l'acide tartrique, l'oxygène mis en liberté se combine avec la potasse pour former du tartrate, et le métal est mis en liberté.

Ce qu'il importe de remarquer ici, c'est que le dépôt métallique peut passer par tous les degrés d'oxydation.

L'ammoniure se montre à l'état d'oxyde noir si le réducteur n'est que légèrement acide, et l'éclat métallique s'accentue par une faible addition d'acide tartrique.

La réaction cesserait si l'ammoniure devenait trop acide.

Ce qui se passe dans cette dernière réaction expliquera les raisons qui nous autorisent à conseiller l'emploi d'un bain légèrement acidulé dans les préparations indiquées par les formules qui sont renvoyées à la fin du Traité.

En dehors de la partie photographique, le but des opérations dans cette méthode est de précipiter les métaux précieux, et il est bon qu'on sache dès le début que la réduction s'opère trop lentement dans un bain neutre, promptement si le milieu est légèrement acide, et qu'elle n'est jamais complète dans un bain trop acidulé quand elle n'y est pas impossible.

Causes de substitution.

Nous avons voulu démontrer, par les faits qui précèdent, que les métaux qui se substituent les uns aux autres se déposent, non pas à l'état métallique complet, mais dans un état intermédiaire dont les équivalents chimiques ne sont pas toujours bien connus. Les plus grands chimistes se gardent d'en fixer les formules avant d'être mieux renseignés.

S'il en était autrement, le palladium, le platine, l'iridium, l'or, le fer, qui formeront nos épreuves et qui sont les métaux les plus réductibles, seraient immédiatement mis en liberté dans le moufle, et nous n'obtiendrions que des épreuves métalliques et brillantes.

Le renforcement à l'acide pyrogallique est probablement une des causes qui déterminent la formation de ces oxydes intermédiaires. En effet, une épreuve virée dans le bain d'or après le renforcement précipité, se développe en couleur pourpre dans le moufle.

Mais si l'on plonge l'épreuve dans un bain d'acide azotique pur, après le renforcement à l'acide pyrogallique, et qu'on substitue après l'or ou l'argent, l'or est réduit dans le fourneau et l'on en retire une épreuve métallique.

On pourrait arguer dans le premier cas que l'or s'est combiné avec l'étain qui entre dans la composition de la plaque d'émail.

On voit pourtant qu'il n'en est rien.

Le même fait, du reste, est confirmé dans la méthode par poudrage. Une épreuve développée avec de l'or vierge réduit par porphyrisation en poudre impalpable ne subit aucune transformation dans le moufle. Le métal garde son éclat et la couleur pourprée est absente.

Il nous reste à ajouter quelques mots sur les causes de substitution.

Les chimistes sont d'accord sur ce point et voici les explications qu'ils donnent :

Dans la réaction d'un corps simple sur un corps binaire, où il y a substitution du premier à un des éléments du second, l'élément éliminé doit être l'analogue du corps expulsant.

Si nous immergeons une épreuve positive tirée à la chambre noire dans un bain que nous supposons être du chlorure double de platine et de soude, le platine déplacera l'argent, et le chlore libre se combinera avec ce dernier métal pour former du chlorure d'argent que nous éliminerons, en grande partie du moins, soit par un bain d'hyposulfite de soude, soit par une solution ammoniacale. Mais, dans ce cas, le métal expulsé ne l'est jamais en totalité et l'argent réduit par affinité naturelle ou par une force que nous allons faire connaître, s'allie avec le métal expulsant.

Cette force se nomme en Chimie pure *force comburante*. La *force combustible* en est la contre-partie.

Ces deux forces sont des propriétés actives dérivées d'une affinité mutuelle des plus fortes, essentielle à des corps simples. Ainsi, lorsqu'on plonge dans une dissolution saline contenant un métal possédant plus d'affinité pour l'oxygène ou pour le chlore que celui qui se trouve en dissolution, ce métal se substitue en général à celui du sel et le précipite.

La substitution s'explique encore par l'état électro-négatif du corps précipité résultant de son contact avec le corps précipitant, qui est à l'état électro-positif, puisque les comburants et les acides se portent vers le corps électrisé positivement pour en déplacer un autre de sa dissolution, par la raison que le premier, étant plus chargé d'électricité positive, repousse ce dernier pour se combiner à l'oxygène et à l'acide du second.

Cette explication paraît la plus plausible.

On voit, d'après cet exposé, que les deux méthodes sont au fond les mêmes et que les manipulations seules diffèrent.

Il s'agit, dans les deux cas, de former des épreuves à l'aide d'oxyde et de fixer ces oxydes dans le flux vitreux du support.

Nous verrons, dans un autre Chapitre, comment ce résultat est obtenu.

CHAPITRE III.

**Sels solubles des métaux employés dans l'émail
et dans les diverses applications de la Céramique
par la méthode d'élimination.**

Les métaux qui fournissent les sels et, par suite,
les oxydes colorants employés en Céramique sont
classés par série, suivant qu'ils ont une affinité
plus ou moins dominante pour l'eau, c'est-à-dire
pour l'oxygène. Ils sont divisés en sept classes.

Nous renvoyons aux Traités de Chimie. Il ne peut
entrer dans cette brochure que les éléments et les
explications rigoureusement utiles pour donner
l'intelligence des manipulations et pour faire connaître le pourquoi des choses.

Les six premières classes nous ont donné les
oxydes irréductibles par la chaleur, ou du moins
la plupart de ceux qui composent les poudres
vitrifiables que nous avons passées au blaireau sur
le verre mixtionné, dans le procédé par saupoudrage, mais qui n'ont pas d'emploi dans cette seconde méthode.

Nous ne pouvons utiliser, dans le procédé par

2

élimination, que les oxydes des métaux de la septième classe, qui ne décomposent l'eau à aucune température, mais qui, par l'absorption de l'oxygène, forment des oxydes réductibles à une température élevée.

Nous emploierons ces oxydes à l'état de sels. La réaction qui se produit quand les métaux entrent en rapport avec l'acide chlorhydrique peut aussi les faire classer par rapport à l'affinité qu'ils ont pour le chlore.

Nous laissons de côté les métaux des classes que nous avons étudiés pour ne toucher qu'à ceux de la septième qui nous fournira, à ce point de vue, les éléments de nos travaux.

Nous nous bornerons à dire que ces métaux ne sont pas décomposés par l'acide chlorhydrique, mais que leurs chlorures, à l'exception du chlorure d'argent qui peut être admis dans cette classe, sont décomposés par la chaleur.

C'est ce qu'il nous importe de connaître.

Les bases oxygénées se comportent avec les chlorures comme avec les sels.

Les chlorures se combinent entre eux pour former des sels doubles nommés *chlorosels*, et c'est dans cet ordre qu'il faut ranger :

> Le chlorure d'or,
> Le chlorure de platine,
> Le chlorure d'iridium,
> Le chlorure de palladium,
> Le chlorure de mercure.

Ce sont les chlorures qui entreront dans la composition de nos bains de réduction.

Nous ne pouvons, pour le moment, employer que les sels solubles des métaux nobles pour former l'épreuve définitive, mais nous aurons à nous servir d'autres sels dérivant des métaux pris dans les autres classes. Ces derniers n'interviendront cependant que comme auxiliaires, pour faciliter les réactions.

Le prix des sels des métaux précieux est très élevé. Mais nous nous hâtons d'ajouter que les solutions que nous préparons sont très diluées et que les chlorures doubles de platine, d'or, d'iridium et de palladium ne sont pas hors de prix en manipulant soi-même.

Il n'est pas besoin d'être chimiste pour prétendre à ces préparations élémentaires qui seront brièvement décrites à la fin du Traité.

CHAPITRE IV.

Pellicule vitrifiable.

On a remarqué que, dans l'emploi des poudres
colorantes, les oxydes porphyrisés et impalpables
étaient happés par une surface humide.

Dans ce procédé, les matières vitrifiables com-
binées d'avance ne pénètrent pas la pellicule.

Elles se fixent simplement sur le collodion où
elles forment une épreuve de surface.

Nous obtiendrons un résultat analogue avec la
méthode d'élimination, mais par des moyens tout
différents.

Il ne s'agira plus de fixer les oxydes qui forment
l'épreuve sur la surface de la pellicule, mais d'incorporer les métaux, de telle sorte que les matières
colorantes pénètrent en partie dans le tissu avant
de passer dans le flux vitreux par la fusion.

En effet, les oxydes formés par le mélange des
dissolutions métalliques, au sein desquelles un
métal en réduit un autre, ne pénètrent pas en
totalité dans le tissu cellulaire du pyroxyle. Il y a

pénétration aussi longtemps que le métal expulseur
trouve à se fixer dans les cellules d'où il chasse
l'argent. Quand toute la place est prise, il se forme,
par suite de la décomposition, un dépôt pulvérulent
de surface. Si l'on passe un blaireau avant la vitrification sur l'épreuve sèche, l'oxyde est balayé et
l'épreuve est en partie détruite.

Nous ne devons pas laisser passer ce détail sans
le signaler, et pour plusieurs raisons qu'il est bon
d'exposer pour couper court à des insuccès inévi-
tables.

Si la pellicule est susceptible de prendre dans les
bains d'élimination un renforcement de surface,
ce supplément métallique peut altérer la transparence de l'épreuve. Or, une reproduction qui contracte ce défaut capital ne peut pas être reportée
sur une plaque d'émail. On trouvera en lieu et
place des renseignements plus étendus.

Cet épaississement dans l'épreuve peut en outre
entraîner des désordres au moment où le support
est introduit dans le fourneau. Nous en donnerons l'explication en parlant du report de la
pellicule.

S'il n'y a rien de particulier, disions-nous, dans
la manière d'obtenir l'épreuve positive, il y a
cependant des formules appropriées et des méthodes de renforcement qui se prêtent mieux que
d'autres à préparer le point de départ, nous voulons dire à fournir une épreuve positive formée

d'argent réduit et susceptible, par le choix et les proportions d'iodures et de bromures, à donner une image vigoureuse et transparente plus apte, indépendamment de l'habileté du photographe, à fournir le résultat ultime mieux approprié aux transformations successives qui l'amèneront plus sûrement à réunir tous les éléments de vitrification.

Nous donnerons plus loin ces formules, mais, avant d'en arriver à l'opération et à la partie pratique et purement photographique, il n'est pas inutile de voir si tout autre procédé pourrait nous aider à former une pellicule vitrifiable de même nature et de même valeur, pouvant se prêter comme cette dernière aux exigences du moufle.

Nous passerions sur les explications qui suivent, si nous ne les jugions pas nécessaires pour arrêter des tentatives infructueuses et du temps perdu. Les nombreuses questions qui nous ont été adressées par correspondance nous engagent à entrer dans ces détails.

Toute pellicule de collodion argenté pourrait servir, si le résultat ne dépendait que de la possibilité de transformer l'argent de l'épreuve en lui substituant d'autres métaux plus stables et capables de résister à la fusion.

Mais il faut d'autres conditions :

La pellicule qui portera l'épreuve doit, en outre, garder la souplesse et l'élasticité nécessaire aux

manipulations qui suivent le renforcement et qui
ont pour but de déplacer le collodion de son premier support pour le reporter sur le subjectile
vitrifiable. On ne doit pas perdre de vue que l'objet
à décorer peut être un vase en porcelaine affectant
les formes les plus diverses et s'écartant presque
toujours de la surface plane.

CHAPITRE V.

Nature de la couche vitrifiable.

Malgré la rapidité du gélatinobromure, et tout
en tenant compte de la simplification qu'il apporte
dans le laboratoire, il est permis d'avouer que
non seulement la Photographie n'a rien gagné en
substituant la gélatine au coton azotique, mais
qu'elle est descendue de plusieurs degrés et que
les épreuves récemment produites par la nouvelle
mixtion sont plutôt au-dessous qu'au-dessus de
celles qu'on obtenait avec la glace collodionnée.

Nous ne parlons pas au point de vue industriel,
et il ne nous vient pas à l'idée de critiquer
l'emploi des glaces mixtionnées à la gélatine
bromurée.

Nous préférons cependant, et pour cause, la
finesse hors ligne du collodion, même pour le
négatif, d'où nous tirerons des épreuves positives
plus franches, plus transparentes, exemptes de ces

imperfections légères (voiles, stries, piqûres) qui sont transmises inévitablement par la gélatine aux épreuves positives.

Le phototographe qui n'a pas souvent l'occasion de prendre sur verre la contre-épreuve du cliché négatif ne se rend pas compte de ces défauts nombreux, mais peu apparents, dont nous parlons, mais qui gênent le céramiste quand il a à traiter des sujets délicats, comme le portrait sur émail, surtout avec la méthode qui nous occupe.

Si nous nous appesantissons quelquefois sur un point ou sur un autre, c'est qu'il y a lieu d'insister. On pourra critiquer en lisant, mais on se rangera à notre avis, au moment de l'exécution. Il nous semble, à nous aussi, qu'un procédé peut toujours en remplacer un autre, mais ensuite l'expérience nous montre qu'il faut en rabattre.

L'épreuve positive tirée sur papier se retouche aisément. Le repiquage est un exercice à la portée de la main la moins familiarisée avec le pinceau. Sur ce point, le photographe a raison, mais il n'en est pas de même de la retouche dans les travaux de Céramique.

Il faut compter avec le feu et après le passage au moufle, les corrections les plus soignées, les points blancs qu'on croit avoir éliminés, exigent souvent une deuxième et quelquefois une troisième reprise, de telle sorte que le support, usé par le feu, est mis hors d'usage. Le travail est alors à recommencer dans son entier, par suite de ces imperfections, dont il faut censément ne pas tenir compte et qui passent du négatif au gélatinobromure sur la contre-épreuve au collodion.

Ces défauts du négatif, qui se traduisent souvent par des taches blanches sur l'épreuve positive, ont d'autant plus de gravité, que la retouche, dans l'économie du système, ne peut pas être faite sur la pellicule avant la fusion.

Ces piqûres positives et négatives, c'est-à-dire blanches ou noires, s'accentuent encore dans les bains d'élimination, et ce n'est qu'après la cuisson, avons-nous dit, qu'on peut y porter remède, ce qui n'a pas lieu dans le procédé par saupoudrage.

Nous avons fait connaître les conséquences qui s'ensuivent.

Le gélatinobromure a rendu de très grands services dans le tirage sur papier argenté. Mais en supprimant la science photographique pour ne laisser à l'opérateur que le travail purement mécanique, qui n'implique aucune notion de Chimie ni de pratique raisonnée, il a rendu plus difficile l'expansion des autres branches de l'industrie photographique.

Dans la gravure, dans l'impression et dans l'émail, les praticiens se défient de ce procédé plus récent. Ce n'est que par exception que le cliché peut servir pour l'exécution de ces travaux, qui constituent, avant tout, l'industrie photographique.

En résumé, nous conseillons, dans cette méthode, l'usage du collodion, même pour faire le négatif.

Il faudra forcément, dans tous les cas, recourir à l'ancien procédé pour former l'épreuve positive, puisque la gélatine est, par nature, impropre à la vitrification, et voici pourquoi :

La gélatine n'est pas, comme le collodion, une matière subtile et fulminante, qui se volatilise en quelque sorte instantanément dans le moufle sans résidu charbonneux.

La gélatine contient 18 pour 100 de matières azotées. Elle se contracte à la chaleur et entraîne en se crispant l'épreuve qui, n'étant plus en contact avec la plaque d'émail, brûle sans se fixer.

Voilà la cause des insuccès sans nombre qui ont découragé les opérateurs qui mêlaient la gélatine à la liqueur sensible dans la méthode aux poudres.

La gélatine insoluble dans l'eau froide restait comme une doublure attachée à la pellicule de collodion et entraînait des désordres tels, que la vitrification de l'émail devenait un écueil insurmontable. Il faut donc que la substance vitrifiable dans les deux procédés soit happée, dans le premier, par une pellicule de pyroxyle et que, dans l'autre, les oxydes métalliques se combinent dans le même produit.

Rôle des oxydes déposés sur la pellicule
dans la destruction de la couche de collodion.

On s'est demandé bien souvent pourquoi la pellicule appliquée sur l'émail pouvait brûler sans troubler l'épreuve et pour quelle cause le support immédiat de l'image venant à manquer par suite de la combustion du coton fulminant, les oxydes formant le dessin n'étaient pas projetés en tous sens dans le moufle.

Le fait, en effet, a lieu de surprendre. En voici la cause, qui n'est pas sans intérêt et qui peut expliquer la raison d'être de certaines manipulations qui paraissent sans importance.

Disons d'abord que la pellicule est détruite sans trouble par le feu quand la poudre vitrifiable est en dessus et que le collodion se trouve directement en contact avec la plaque d'émail; et notons que, dans le cas contraire, la pellicule étant retournée, il y a invariablement déchirement et perte de l'épreuve.

Ce qui se passe dans le moufle, quand la pellicule est détruite par le feu, se produit dans une autre expérience qui donne l'explication de ce fait, quelque anormal qu'il puisse paraître.

Si l'on place sur une tablette de marbre une petite quantité d'un fulminate quelconque, l'inflammation produit une détonation qui chasse en tous sens les corpuscules de matière éparpillés sur le marbre.

Si le fulminate est recouvert d'une simple feuille de papier, il n'y a pas trace de projection et les poussières restent en place. La feuille de papier ne subit aucun mouvement. Mais, dans ce cas, la tablette de marbre est brisée, si la dose de fulminate dépasse quelques grammes.

Il suffit du plus léger obstacle avec les fulminates pour rendre sensibles les effets du choc en retour, qui est le caractère de la fulmination, c'est-à-dire la projection du centre à la circonférence et le refoulement instantané de la force de projection vers le centre.

Dans le moufle, l'explosion à peine sensible, et qui passe presque inaperçue, du coton fulminant ne trouble pas l'épreuve, grâce à la couche d'oxyde qui s'est déposée sur la pellicule et qui remplit les fonctions de la feuille de papier. Mais il y a destruction de l'épreuve si le collodion est placé en dessus, et c'est le cas, si la pellicule est retournée; c'est pour prévenir cet accident que le collodion est détruit par l'acide sulfurique quand la poudre vitrifiable est mise en contact avec la plaque d'émail.

Avec la poudre à tirer, le phénomène dont nous parlons ne se produirait pas.

On se conformera à ces principes dans le procédé par élimination, et la pellicule renforcée sera placée sur l'émail par le côté qui portait sur le verre dans l'opération à la chambre noire ; puisque le dépôt pulvérulent métallique qui se produit au renforcement, se faisant en partie sur le collodion, préserve la pellicule au moment de la fusion.

Les notions qui précèdent suffisent à faire ressortir l'importance qu'il y a à étudier les questions dans leurs moindres détails.

On comprend maintenant toutes les raisons qui font rejeter du procédé par élimination la couche de gélatinobromure et pourquoi la production des émaux n'est possible que par l'intermédiaire du collodion.

On pourrait, à la rigueur, supprimer la pellicule de report, mais, dans ce cas, le procédé n'aurait qu'une application restreinte qui se bornerait à la décoration des surfaces planes. Ce ne sont pas les moyens d'action qui manqueraient, mais nous sommes persuadé que rien ne peut remplacer le collodion humide comme support intermédiaire et transitoire.

La réduction des sels de fer et de platine faite directement sur verre opale dépoli et spongieux peut former des images vitrifiables dans le moufle, mais ces épreuves restent sans vigueur. On peut étudier ces données, car ce champ d'expérimentation a été peu fouillé.

Ce sujet, que nous traitons plus spécialement au

point de vue des chlorures, pourrait être étudié par rapport aux autres sels solubles de ces mêmes métaux.

L'albumine aurait les mêmes inconvénients que la gélatine, et les collodions secs manqueraient de souplesse et d'élasticité pour se prêter au transport.

Une couche de coton azotique devient friable, cornée et cassante à la suite d'une première dessiccation, et la pellicule ne peut plus être ramollie.

Pellicule au chlorure d'argent.

Toute pellicule vitrifiable doit, d'après ce que nous avons dit, sortir de la chambre noire en opérant au collodion humide, ioduré et bromuré.

Les iodures et les bromures ne sont pas cependant les seuls produits capables de donner la couche que nous cherchons. On les a choisis à cause de leur grande sensibilité.

Ils ont le pas sur les autres sels halloïdes, parce qu'ils peuvent seuls, unis à l'argent, être réduits en quelques secondes par la lumière dans la chambre noire et donner le cliché négatif.

Le chlorure d'argent peut remplacer les iodures et les bromures pour l'usage que nous voulons en faire, si l'épreuve au collodion chloruré se forme dans une couche souple capable, après dessiccation, de reprendre la souplesse sans laquelle l'épreuve vitrifiable formée par le chlorure resterait sans valeur dans l'application.

Cette pellicule, préparée dans les conditions que nous allons indiquer, peut être reportée sur émail.

La première condition est que la nappe de collodion chloruré soit versée non pas sur une surface dure, mais sur un subjectile spongieux et absorbant.

On pourrait à la rigueur obtenir la réduction du chlorure d'argent par la lumière sans report sur la plaque d'émail collodionnée directement. Nous avons indiqué cette méthode d'opérer dans notre Traité qui a pour titre : *Procédés photographiques aux couleurs d'aniline* (¹), mais on a recours à ces manipulations délicates que dans les cas exceptionnels où il n'est pas possible de faire autrement. Il vaut mieux procéder par report quand rien ne s'y oppose.

Le meilleur support dans le cas présent est le papier couché, c'est-à-dire le papier recouvert d'une couche soluble dans l'eau chaude. Ce papier employé couramment dans l'impression est enduit sur le recto d'une mixtion de blanc et de gélatine.

(¹) GEYMET, *Procédés photographiques aux couleurs d'aniline.* In-18 jésus ; 1888 (Paris, Gauthier-Villars et fils).

Ce papier, couvert d'une couche de collodion chloruré par le sel de calcium, reprend assez de souplesse après dessiccation dans les bains ordinaires de substitution. On sait que le sel de calcium est très avide d'eau et qu'il absorbe à l'état sec l'humidité de l'air ambiant.

Tout le chlorure d'argent n'est pas réduit par la lumière, et la partie qui reste libre dans la pellicule maintient une source d'humidité qui, agissant comme la glycérine sur la couche gélatineuse, laisse à la pellicule un élément de souplesse.

Bien que plusieurs formules de collodion chloruré aient été données dans certains de nos Traités (¹), nous ne pouvons pas nous dispenser d'indiquer ici celle qui convient aux émaux dans la méthode d'élimination.

FORMULES :

Collodion normal.

Éther à 62°.	100ᶜᶜ
Alcool à 40°.	125
Coton azotique à température moyenne.	2ᵍʳ,25

(¹) GEYMET, *Traité pratique de Photographie* (Éléments complets, Méthodes nouvelles, Perfectionnements) suivi d'une Instruction sur le *procédé au gélatinobromure*. 3ᵉ édition. In-18 jésus; 1885. — *Traité pratique des émaux photographiques. Secrets* (tours de mains, formules, palette complète, etc.) *à l'usage du photographe émailleur sur plaques et sur porcelaines*. 3ᵉ édition. In-18 jésus; 1885 (Paris, Gauthier-Villars et fils).

3.

Produits sensibilisateurs.

Flacon n° 1.

Alcool à 40°.	100^{cc}
Chlorure de calcium.	2^{gr}
Chlorure de strontium.	0,5

Flacon n° 2.

Alcool à 40°.	100^{cc}
Acide citrique.	3^{gr}

Flacon n°.3.

Eau distillée.	50^{cc}
Azotate d'argent fondu.	50

Après dissolution, ces trois liquides filtrés sont mis en réserve. Ils se conservent des années sans altération.

Le chlorure de calcium qui entre dans la formule est le sel cristallisé ou fondu qui est soluble dans l'alcool.

On mêle à 100^{cc} du collodion normal indiqué par la formule :

Du flacon n° 1.	10^{cc}
Du flacon n° 2.	10
Du flacon n° 3.	5

L'azotate d'argent est ajouté goutte à goutte au collodion chloruré. On agite vigoureusement le flacon en versant la solution d'argent. L'éprouvette graduée de 25^{gr} sera lavée avant d'y mesurer la dose du liquide argentifère. Il se formerait du chlorure d'argent dans l'éprouvette qui ne pourrait plus entrer en combinaison avec le collodion et qui entraînerait des piqûres sans nombre sur les épreuves.

Le résultat devenu laiteux par la formation du chlorure métallique est passé à travers un chiffon blanc à mailles demi serrées. Le collodion ne passerait pas à travers un filtre en papier.

S'il restait au fond du flacon qui a servi au mélange un caillot blanc, la partie coagulée serait redissoute dans quelques centimètres cubes d'éther à 62°. On reverserait dans le flacon la partie déjà filtrée et, par des secousses réitérées imprimées au récipient, on incorporerait au collodion le chlorure d'argent précipité. Cet accident se produit régulièrement quand l'azotate d'argent est introduit en trop grande quantité à la fois dans le mélange, surtout si l'on néglige de secouer énergiquement le flacon. La totalité du produit repasse alors par l'entonnoir et exige un nouveau filtrage; si l'on passait outre sans redissoudre le caillot, le collodion perdrait une grande partie de sa sensibilité et les épreuves ne produiraient aucune vigueur dans le châssis-presse.

Les feuilles de papier couché, débitées par quart et formées en cuvettes par le relèvement des bords, sont recouvertes de collodion en demi-lumière. On verse d'abord sur le papier, posé sur une glace tenue à la main, une nappe d'éther dont on recueille l'excédent.

Le collodion est ensuite versé sans attendre

l'évaporation. La pellicule étendue sur le papier doit y faire prise, mais il faut avoir soin de ne pas donner trop d'inclinaison au support pour éviter les doublures. Le papier est sec après une demi-heure de repos dans le cabinet noir. On pourra lire d'autres détails dans notre Traité intitulé : *Traité pratique de Photographie* (¹).

Nous n'indiquerons ici que ce qui est en rapport direct avec le procédé par élimination.

Nous ferons observer seulement que le papier pelliculaire ne peut pas être exposé en plein soleil. L'insolation se fait à la lumière diffuse pour éviter la solarisation.

On se sert immédiatement du papier collodionné après sa préparation quand il est sec. Ce n'est qu'à cette condition qu'il reste assez souple pour se prêter au report.

On lave l'épreuve à plusieurs eaux et l'on traite la pellicule dans le bain de substitution après l'avoir dégagée dans l'eau chaude de la couche de blanc de baryte qui en altère la transparence. L'épreuve doit être ferme sans excès.

Il ne faut pas songer à fixer le collodion sur la plaque d'émail à l'aide d'un colloïde quelconque de nature végétale ou animale (colle de poisson. gélatine, gomme, vernis). La pellicule éclaterait dans le moufle.

C'est par le bain ordinaire de borax fondu en dissolution dans l'eau distillée qu'on la fait adhé-

<hr>

(¹) **Paris, Gauthier-Villars et fils.**

rer avec pression sur le subjectile, de la même manière que le collodion humide.

Nous n'aurions pas soulevé la question du collodion chloruré si le collodion humide était encore en vigueur; c'est la méthode qui convient le mieux, elle est supérieure à toute autre.

Si nous indiquons ce moyen supplémentaire, c'est pour faciliter l'accès du procédé aux amateurs et aux photographes qui se servent exclusivement des glaces au gélatinobromure.

CHAPITRE VI.

PELLICULE VITRIFIABLE AU COLLODION HUMIDE.

Formules.

Toutes les formules éparses dans les livres de Photographie et adoptées dans les laboratoires peuvent à la rigueur fournir une pellicule vitrifiable, à condition que cette pellicule soit transformée dans les bains de renforcement et qu'elle y reçoive les modifications nécessaires.

Mais il ne faut pas oublier que la vigueur et la transparence, qui sont les qualités fondamentales de l'épreuve, dépendent en grande partie des rapports qui lient le bain sensibilisateur au collodion et de la quantité d'argent qui est réduit par la lumière dans la couche.

Nous indiquerons des formules spéciales, étudiées en vue du résultat final, qui sont mieux appropriées que d'autres à donner les épreuves que nous cherchons.

Ces formules, par simple inspection, diffèrent

peu des autres par la similitude des sels employés, mais elles s'en écartent par le dosage de ces mêmes produits.

Il serait superflu de multiplier ces formules. Nous en indiquerons deux seulement.

Nous pourrions même nous borner à la première, qui réunit toutes les conditions de succès.

PREMIÈRE FORMULE.

Iodure de potassium . . . .   2ᵍʳ ₚ
Iodure d'ammonium   3,50
Iodure de cadmium.   3,50
Bromure d'ammonium.   2,50
Bromure de cadmium.   2,50
Iode en paillette   0,001
Alcool à 40°. 100ᶜᶜ

Collodion normal.

Alcool à 40°. 500ᶜᶜ
Éther à 62°.   500
Coton azotique, température moyenne.   12ᵍʳ

L'iodure de potassium humecté d'une goutte d'eau distillée sera broyé dans un mortier en verre. On y joindra après les autres produits.

Les 100ᶜᶜ d'alcool sont versés peu à peu, et à l'aide du pilon, les sels sensibilisateurs sont broyés jusqu'à complète dissolution. Le liquide filtré au papier est mis à part dans un flacon à l'abri du jour.

Le collodion normal agité vigoureusement au moment de sa préparation est mis au repos pendant douze heures. On décante après la partie limpide sans filtrer.

On use peu de produits dans cette application de la Photographie à la Céramique. A moins d'une industrie réglée, on n'a pas tous les jours l'occasion de vitrifier des épreuves. Il n'est pas utile de préparer une grande quantité de collodion à l'avance.

La partie qui doit servir le lendemain sera sensibilisée la veille.

On ajoutera à 50^{cc} de collodion normal 5^{cc} de liqueur sensibilisatrice en agitant le flacon pour opérer le mélange.

Le collodion non ioduré se conserve pendant six mois et plus sans se décomposer.

DEUXIÈME FORMULE :

Iodure de potassium	3^{gr}
Iodure d'ammonium	7
Iodure de cadmium	4
Bromure de cadmium	2
Iode en paillette	0,01
Coton azotique	12
Alcool à 40°	500^{cc}
Éther à 62°	500

L'iodure de potassium qui entre dans ces formules diminue la sensibilité du collodion, mais la réduction de l'argent étant plus lente, l'image se développe avec plus de finesse, et les noirs prennent plus de profondeur.

Les collodions bromurés sans excès donnent plus de détail dans les ombres. On pourrait en augmenter le dosage dans certains cas particuliers.

Il faut se défier dans ce procédé de l'iodure de cadmium qui tend à former des voiles sur les épreuves.

Le voile est l'ennemi de la méthode. Il est aussi dangereux que la teinte grise dans le procédé par saupoudrage.

On essaie l'éther au papier tournesol avant d'y plonger le coton azotique. Il doit accuser une réaction neutre. Les voiles ont souvent pour cause l'acidité du collodion. Nous entrerons plus loin dans quelques détails pour écarter cette source d'insuccès.

Bain d'argent.

Nous conseillons, dans l'obtention des épreuves positives vitrifiables, de se servir d'un bain d'argent nouvellement préparé et de le réserver pour cet usage, sans le fatiguer par la sensibilisation des glaces réservées aux clichés négatifs. Ce bain sera légèrement acide et formé d'azotate d'argent cristallisé.

On y mêlera quelques parcelles de sucre ordinaire pour donner plus de corps aux épreuves qui absorberont plus d'argent réduit.

Il faut viser dans cette méthode à emprisonner

dans la couche la plus grande quantité possible de métal, puisque l'argent, comme nous le dirons plus loin, sera remplacé par l'or, par l'iridium ou par le platine, suivant le cas.

La vigueur des épreuves sera en raison de l'argent qui cédera en tout ou en partie sa place aux métaux précipités.

Eau distillée.	250^{cc}
Azotate d'argent cristallisé.	20^{gr}
Sucre ordinaire en poudre.	0,05

Après la dissolution du sel d'argent et du sucre, on ajoutera au bain 0^{gr},50 d'iodure de potassium préalablement fondu dans quelques centimètres cubes d'eau distillée.

On filtrera et l'on acidulera avec deux gouttes d'acide azotique pour rendre les épreuves transparentes et pour écarter le voile.

Le bain fatigué par l'usage sera maintenu dans cet état par quelques traces du même acide, quand on jugera nécessaire de le remonter par suite de l'épuisement du liquide ou de l'excès d'iodure. On y mêlera en même temps quelques parcelles de sucre.

Si l'on restaure le bain en y ajoutant 100^{cc} d'eau distillée et 8^{gr} d'azotate d'argent, ou le double de ces quantités, le sel métallique sera d'abord dissous à part dans l'eau distillée. On versera la solution dans l'ancien bain et l'on enlèvera l'iodure réduit en

passant le tout sur un filtre en papier qui retiendra
la partie laiteuse. On peut reprendre le filtrage
pour rendre le bain plus limpide.

Manipulations.

Rien n'est plus simple que de prendre sur un
négatif une épreuve transparente par l'intermédiaire de la chambre noire.

Bien des photographes et la plupart des amateurs, tout en connaissant le maniement des appa-
reils et l'usage des bains de renforcement, n'arrivent
qu'à des résultats médiocres par défaut d'habitude
et d'observation, et peu de personnes sont à même
d'apprécier les qualités qui conviennent à l'épreuve
transparente.

C'est de ce point de départ que dépend la bonne
ou la mauvaise exécution de l'émail.

Si nous glissons sur certaines parties de l'opération que nous supposons connues, et si nous ne
signalons que les particularités de la méthode qui
semble peu s'écarter de la méthode normale, il
importe d'entrer dans tous les détails utiles pouvant amener à la perfection cette épreuve qui n'a
de rapport qu'en apparence avec le cliché positif
et qui doit se transformer en épreuve vitrifiable.

Disposition des appareils.

Le moyen le plus commode, sans recourir à un

appareil spécial qui ne donnerait pas de résultat supérieur, c'est de de placer une chambre noire quelconque à long tirage, si l'on veut faire l'épreuve positive aux dimensions exactes du cliché négatif ou l'amplifier, dans le milieu d'une pièce bien éclairée pendant le jour à l'extérieur par une fenêtre ordinaire vitrée.

Il n'y a rien à changer, aucun jour à boucher.

Tout l'agencement se réduit à fixer une glace finement dépolie dans un intermédiaire et de fixer le cadre sur un des carreaux de la fenêtre qu'on nettoie pour lui laisser toute sa transparence.

L'intermédiaire est vissé par les deux bouts sur une baguette en bois, et le bois est fixé sur le carreau à l'aide de deux vrilles qui le maintiennent en place en pénétrant dans les linteaux de la croisée.

Ces vrilles choisies très fines pénètrent dans le bois sans laisser de trace et remplacent les pointes ou les vis. L'intermédiaire est placé sur le carreau qui correspond à la hauteur du pied de la chambre noire.

Pour éviter que le rayon direct du soleil ne frappe directement sur le verre dépoli, on interpose entre l'intermédiaire et le carreau une simple feuille de papier de soie. La mise au point devient alors plus facile et l'épreuve positive renvoyée est plus régulièrement éclairée par la lumière tamisée.

La précision de la mise au point est de rigueur dans ce genre de reproduction, et l'œil le mieux exercé et le plus subtil doit, pour plus de précision, examiner à la loupe l'image projetée sur le champ de la chambre noire.

Dans les réductions qui ne sont pas microscopiques, mais qui se rapprochent de ces limites extrêmes, nous conseillons d'employer une glace dépolie libre, qu'on puisse retirer de son châssis et remettre à volonté à l'aide de tourniquets.

Le verre dépoli n'a d'autre emploi que celui de déterminer la position de l'épreuve sur l'étendue du champ de la chambre noire et de la ramener au centre à la section des diagonales. Le point central obtenu, le verre dépoli est remplacé par une glace transparente choisie de même épaisseur.

Ces dispositions sont prises à l'avance et ces accessoires sont le complément de la chambre.

L'image projetée reste invisible sur le verre dépoli, mais en fixant sur cet écran la loupe de mise au point qui porte en plein sur le verre et sur la partie centrale où les diagonales se coupent, point où l'image a été amenée d'avance à l'aide du verre dépoli, l'image circonscrite dans le cuivre de la loupe se montre à l'opérateur qui peut alors fixer le point avec une précision mathématique sans être troublé par le grain du verre dépoli. C'est le seul moyen d'assurer la netteté pour les travaux délicats de la bijouterie et pour les positifs destinés aux projections.

Nous engageons les photographes qui ont des loisirs, trop de loisirs souvent, d'appliquer la méthode par substitution à la production des clichés positifs destinés aux projections. Il y a beaucoup à faire dans cette partie.

Les épreuves à l'albumine, au collodion sec, au charbon, au gélatinobromure et à la gélatine chlorurée, quoique excellentes pour cet emploi, sont détruites en peu de temps ou détériorées par la lumière électrique qui les brûle. Nous avons fait des essais en ce genre qui ont répondu à toutes les exigences, mais nous n'exploitons aucun procédé.

Il n'est pas nécessaire que le soleil éclaire directement le négatif. La lumière diffuse donne des résultats identiques.

Vingt secondes avec un rectilinéaire donnent une épreuve positive suffisamment posée et capable de recevoir sans se voiler un renforcement suffisant.

On sait du reste que la durée de l'insolation dépend de causes multiples.

L'ouverture du diaphragme, la rapidité de l'objectif, l'état du collodion et du bain d'argent peuvent accroître ou diminuer le temps de pose. On est fixé après un premier essai.

Le point essentiel, c'est d'obtenir toutes les demi-teintes, surtout celles qui sont peu apparentes et qui sont noyées dans les grands noirs du négatif. Certains négatifs défectueux n'amèneront jamais une bonne épreuve positive, surtout les clichés heurtés. Avec des négatifs surexposés et gris, l'épreuve positive peut acquérir, par le renforcement, des demi-teintes en rapport avec les parties obscures.

Quoique faible après le développement au bain de fer, il n'y a pas à se préocuper du peu d'énergie du cliché positif.

Il prendra la vigueur voulue quand il sera en contact avec les bains renforçateurs.

Est-il utile de rappeler ici que la préparation de la glace sensible se fait dans le cabinet noir, à la lumière jaune ou rouge, si la pièce disposée en vue du gélatinobromure reçoit le jour extérieur à travers des verres de cette couleur.

Nous supposons que le céramiste connaît les manipulations usuelles qui ont rapport à la sensibilisation du collodion.

A défaut, on trouverait ces renseignements dans notre Traité qui a pour titre : *Traité pratique de Photographie* (¹).

Nous n'ajouterons que les détails qui sont liés à la méthode et dont l'étude est indispensable.

La glace doit rester plus longtemps dans le bain d'argent. Cinq ou six minutes ne sont pas de

______

(¹) Paris, Gauthier-Villars et fils.

trop pour transformer totalement les iodures et les bromures.

Une couche opaline et transparente après la sensibilisation indiquerait un manque d'iodure pour un bain d'argent à 8 pour 100. L'épreuve de belle venue, mais délicate, n'aurait pas assez de vigueur comme épreuve vitrifiable. Après substitution, le métal réduit serait insuffisant.

Une glace mate à surface laiteuse, sans excès, prendra un renforcement plus intense.

La richesse métallique de la couche dépend et de la quantité de pyroxyle qui entre dans le collodion normal et du dosage suffisant des iodures et des bromures. Ces derniers ne doivent pas cependant dépasser les quantités indiquées par les formules. L'excès engendrerait des voiles.

Si l'on augmentait le poids des sels iodés et bromurés, il y aurait lieu d'élever le titre du sel d'argent et de le préparer en faisant dissoudre dans l'eau distillée 10^{gr} d'argent au lieu de 8^{gr}. Ce supplément de sel métallique peut donner lieu à des accidents, surtout pendant l'été, dans les journées chaudes et sèches, si les opérations phographiques se font dans l'après-midi.

Le sel d'argent se réduit alors sur la glace, si le temps de pose se prolonge, des taches nombreuses se forment et se développent sur l'épreuve.

Cet accident est grave. Ces taches cependant peuvent être enlevées si l'épreuve est désiodée au cyanure de de potassium et si la couche de collodion est suffisamment résistante, ce qui arrive quand il entre plus de 1ᵍʳ de coton azotique dans le mélange d'éther et d'alcool.

C'est pour ce motif, en partie, que nous conseillons l'emploi du coton préparé à une température moyenne.

On évitera d'employer le fulmicoton d'un blanc louche tirant sur le jaune qui s'émiette en poussière sous les doigts et dont les fibres se brisent sans s'allonger quand on étend la touffe pour l'introduire dans le flacon.

Ces signes apparents et faciles à reconnaître indiquent que le coton a été préparé dans un liquide trop chaud. Ce produit très explosif, qui est le vrai fulmicoton, ne donnerait pas un collodion approprié au procédé.

Le second bain d'argent peut être remplacé en vue de la suppression des réductions par le bain préservateur indiqué par la formule qui suit :

Eau distillée..	400ᶜᶜ
Glycérine.	25
Azotate d'argent..	4ᵍʳ
Miel..	15
Kaolin..	15
Acide acétique	2 gouttes.

Après filtration le mélange est exposé pendant deux jours à la lumière diffuse. On peut dès lors s'en servir, mais il ne donne de résultats qu'autant qu'il reste exposé à la lumière en dehors du cabinet noir, quand il n'est pas employé.

En cas contraire, on ne peut pas se dispenser de le laisser au jour pendant douze heures avant d'en faire usage.

Les glaces sont retirées du bain d'argent ordinaire après deux minutes d'immersion. On les lave après dans le liquide préservateur. On procède à la pose dès que les verres sont égouttés.

La sensibilité se maintient pendant douze heures et les métallisations ne se produisent pas.

CHAPITRE VII.

RENFORCEMENT DE L'ÉPREUVE EN VUE DE L'ÉLIMINATION.

Préparation du sucre réducteur.

Après l'exposition à la chambre noire, l'épreuve est développée dans le cabinet noir avec le bain de fer ordinaire, mais l'acide tartrique, qui est un réducteur plus énergique, sera substitué à l'acide acétique.

On ajoutera à la solution ferrique 3^{cc} de sucre interverti pour un demi-litre du liquide.

Par suite de cette addition, la réduction de l'argent sera plus prompte et plus complète.

Le sucre interverti se prépare dans une capsule en porcelaine où l'on met :

Sucre candi..	25^{gr}
Eau distillée.	250
Acide tartrique cristallisé.	3

Après avoir réduit par l'ébullition le liquide de

moitié, la préparation est filtrée après refroidissement.

Le bain sucré se conserve pendant plusieurs mois sans s'altérer.

Le bain de fer est préparé en faisant dissoudre à froid dans l'eau distillée :

```
Eau. . . . . . . . . . . . . . . . . . .  1000ᶜᶜ
Alcool à 40° rectifié. . . . . . . . . .    10
Sulfate de fer ammoniacal. . . . . . .    40ᵍʳ
Sulfate de cuivre. . . . . . . . . . .     20
```

L'image est révélée comme une épreuve ordinaire en jetant le liquide révélateur d'un seul trait sur le verre pour en couvrir la surface, sans point d'arrêt, dans toute son étendue.

Si l'épreuve se montre correcte dans tous ses détails, on lave largement, puis on renforce avec le bain ordinaire-d'acide pyrogallique additionné de quelques gouttes de bain d'argent à 3 pour 100 dans lequel l'acide acétique est remplacé, comme précédemment, par l'acide tartrique.

```
Eau distillée. . . . . . . . . . . . . .  250ᶜᶜ
Sucre réducteur. . . . . . . . . . . . .    1
Acide pyrogallique. . . . . . . . . . .    1ᵍʳ
Acide tartrique . . . . . . . . . . . .     1
```

On ne doit pas négliger de renforcer l'épreuve avant de la désioder.

Ne perdons pas de vue que nous cherchons une épreuve positive parfaite, transparente, quoique vigoureuse. Le succès de l'opération, en supposant que la pose soit juste, dépend tout entier du renforcement du positif.

L'opérateur doit être à même d'apprécier si l'épreuve réunit ces deux qualités.

Un positif peut être transparent, sans être vigoureux. Si l'on épuise toutes les ressources du renforcement sans améliorer l'épreuve, le positif ne réunit pas les qualités requises.

L'opération est à recommencer. Il y a manque de pose si certains détails ne se montrent pas et excès si, l'image paraissant complète, le cliché positif ne se charge pas dans les noirs et dans la teinte sous le bain renforçateur.

Mais cette transparence, qui est absolument nécessaire, n'est que relative.

L'épreuve qui, à travers l'épaisseur du verre et non par réflexion, se montre satisfaisante par suite des relations exactes et proportionnées entre les blancs, les demi-teintes et les grandes ombres, n'est pas à rejeter.

Elle pourra se modifier et s'éclaircir sous un coup de feu convenable qui en fera baisser le ton.

Il est préférable cependant de s'en tenir à la transparence normale.

On vérifie la valeur de l'épreuve en appliquant au dos du verre qui la porte une feuille de papier blanc, et l'on arrête le renforcement dès que l'image paraît telle qu'on désire la voir sur la plaque d'émail. Un léger excès de vigueur ne saurait nuire, pourvu que les blancs restent purs.

Le cas n'est pas le même pour la pellicule destinée à servir de vitrail. Il s'agit alors de pousser beaucoup plus loin l'intensité de l'épreuve positive. Il n'y aura jamais d'excès, si l'épreuve reproduit par transparence les blancs et les noirs du type.

Disons en passant que les portraits et les sujets de peu d'étendue doivent être reportés sur verre dépoli. La pellicule se place sur le côté brillant du verre, comme il sera dit dans un autre Chapitre.

Passage au mercure.

Après le renforcement, l'épreuve, sans être déplacée, est renforcée sur le verre au bichlorure de mercure.

On prépare le bain mercuriel en dissolvant dans un flacon 25^{gr} de bichlorure de mercure dans 2^{cc} ou 3^{cc} d'acide chlorhydrique. On ajoute ensuite un litre d'eau.

Le sel de mercure est très peu soluble dans l'eau. L'alcool pourrait remplacer l'acide chlorhydrique comme dissolvant. Mais, dans notre cas, il vaut mieux se servir d'acide pour rendre l'amalgame du mercure et de l'argent plus prompt et plus intime.

On arrêtera l'effet de ce bain sur l'épreuve sans

attendre que la couche de collodion blanchisse trop. Le mercure, d'autre part, ne doit pas être réduit par l'ammoniaque.

Cette méthode, que nous avons conseillée pour le traitement du cliché positif préparé en vue de la gravure en taille-douce pour rendre les noirs plus intenses, serait en désaccord avec le résultat que nous cherchons.

L'oxyde ammonio-mercurique noir, qui résulte de la combinaison du mercure et de l'ammonium, ne résistant pas dans le moufle, le mercure doit simplement et sans modification se substituer en partie à l'argent. Il n'intervient que comme agent secondaire et son rôle n'est que momentané.

Nous l'appelons à notre aide pour fixer dans la pellicule par amalgame les métaux de la dernière section, car le mercure réduit :

> Le chlorure d'argent,
> Le chlorure d'or,
> Le chlorure de platine,
> Le chlorure d'iridium,
> Le chlorure de palladium.

Or, ce n'est que par l'élimination du sel d'argent par un ou par plusieurs de ces métaux, formant alliage en présence du mercure et qui prennent le pas sur l'argent, que nous incorporerons à la pellicule des éléments capables de résister aux températures élevées auxquelles la plaque d'émail ou de porcelaine sera exposée.

Les combinaisons pouvant fournir ces résultats sont nombreuses.

La plus importante est celle qui consiste à combiner l'argent avec le platine par le mélange des chlorures doubles. On sait qu'en alliant quelques traces de platine et des autres métaux platiniques à l'argent, ce dernier métal est capable de résister aux plus hautes températures.

Il serait difficile, le plus souvent, de saisir la cause précise des réactions qui s'effectuent dans la substitution d'un métal à un autre métal; mais il est des lois générales qui se traduisent par des faits palpables. Ces lois servent de guides et prouvent jusqu'à l'évidence que les phénomènes chimiques observés correspondent à ces lois qui ont été déduites de l'observation constante des faits.

La Photographie, dans une brochure de ce genre, quoique jouant le rôle principal, se trouve en quelque sorte reléguée au second plan comme intérêt.

On répète forcément, pour l'intelligence de la méthode, des explications qui ne sont que des redites sans nouveauté. Ces répétitions sont forcées, mais on ne s'arrête que sur les réactions qui, tout en étant connues, sont plus spéciales au procédé.

Les notions de Chimie pure, on ne doit pas l'oublier, sont le côté principal de la question sur lequel le lecteur doit fixer toute son attention.

Les combinaisons qui amènent l'épreuve vitrifiable, c'est-à-dire métallique, peuvent se déduire de ces données générales, prises en particulier dans notre cas, et les règles qui régissent ces combinaisons en fourniraient d'autres analogues, susceptibles de donner des résultats identiques.

Après le bain de mercure, qui ne doit être passé qu'après le détachement de la pellicule, afin que le métal ne soit pas mis en contact avec l'acide, l'épreuve se montre telle qu'elle sera sur la plaque d'émail après la vitrification.

Ceci n'est pas exact en apparence, puisque l'épreuve sort noire ou brune du moufle. Nous voulons dire que l'épreuve, sous son aspect blanc, par suite de la combinaison du sel mercuriel, doit, par la différence des tons qui s'accentuent en gris perle plus ou moins foncé, laisser deviner une épreuve parfaite.

Pour ne laisser aucun doute sur la manière d'opérer, qui a une grande importance à ce moment, il est bien entendu que le renforcement au mercure ne se fait pas sur le verre où l'épreuve positive a été faite. On ne procède à ce deuxième renforcement (le premier étant fait sur la glace à l'acide pyrogallique) qu'après le détachement de la pellicule dans un bain d'eau acidulée à l'acide sulfurique.

L'acide indispensable pour détacher la pellicule du verre, nuirait au renforcement mercuriel.

C'est dans la petite cuvette destinée aux bains de substitution que la pellicule est donc mise en contact avec le mercure.

Il arrive quelquefois que la pellicule se détache difficilement du verre, qu'il ne faut talquer en aucun cas. Le talc ne s'emploie que lorsque la pellicule doit être séparée du verre à l'état sec. A l'état humide, le talc rend l'adhérence de la couche de collodion sur le verre plus intime.

Si l'on éprouve quelques difficultés à séparer le collodion du support, on immerge le verre dans une cuvette en gutta-percha, sous une nappe d'eau de $0^m,01$ d'épaisseur acidulée avec quelques gouttes d'acide fluorhydrique, qui n'a pas d'influence sur l'épreuve. L'acide pénètre jusqu'au support à travers les pores de la couche de collodion et s'insinue jusqu'au verre qui, légèrement attaqué, laisse la pellicule libre.

Cet acide dangereux, dilué par la quantité d'eau indiquée, n'a pas d'action sur les doigts. Ce bain peut être touché impunément comme l'eau acidulée par l'acide sulfurique, qui suffit le plus souvent pour détacher la pellicule du verre.

Par excès de prudence on peut, après chaque contact, plonger la main dans une cuvette d'eau rendue alcaline par l'addition de quelques centimètres cubes d'ammoniaque liquide.

Il est difficile, sans tour de main, de déplacer

du verre la pellicule libre et de la passer dans les bains d'élimination (mercure, platine, palladium, etc.).

Dans le procédé par saupoudrage, ce déplacement est aisé.

En effet, la pellicule développée aux poudres qui lui ont communiqué son complément, passe, après collodionnage, de la cuvette du lavage dans la solution de borax fondu qui remplit à la fois le rôle de véhicule et de fondant.

Le bain boracique, qui n'a pas de valeur, est toujours préparé en grande quantité et le passage de la pellicule du support dans le bain de glaçure contenu dans une large cuvette s'y fait aisément, puisque le verre est plongé entièrement dans le liquide.

Il n'en est pas de même avec les bains renforçateurs composés avec les sels de métaux précieux dont le prix est élevé.

Ces bains qu'il convient de ménager sont versés dans des soucoupes étroites et l'on ne prend pour chaque opération que la quantité de liquide strictement nécessaire au renforcement de l'épreuve.

Le support ne peut donc pas accompagner la pellicule et prendre place dans le bain. L'épreuve serait régulièrement perdue si l'on voulait la déplacer sans intermédiaire.

La difficulté disparaît en portant le verre, au sortir du bain acidulé ou du bain d'acide fluorhy-

drique, dans une cuvette d'eau fraîche pour élimi-
ner l'acide, et de là, dans un second récipient de
dimensions convenables, pour enlever les dernières
traces d'acide.

On a soin, au préalable, de tailler le collodion et
de réduire la pellicule aux dimensions qui conviennent au support qui l'attend.

On ne doit oublier aucun de ces détails si l'on
ne veut pas s'exposer à perdre l'épreuve.

La partie de la pellicule qu'on supprime affaibli-
rait du reste sans profit les bains de renforcement.
On laisse en supplément un léger excès de collodion suffisant pour être replié en dessous du subjectile définitif, quel qu'il soit.

On taille alors une feuille de papier un peu plus
grande que la pellicule qu'on a rognée, en ayant
soin que le papier découpé en ovale ou autrement
soit un peu plus étroit que la soucoupe dans
laquelle on a versé le bain de substitution.

Ce papier, qui doit enlever l'épreuve, est passé
adroitement dans le bain de lavage sous le collodion.

Il ne reste plus enfin qu'à immerger, *sans retour-
nement*, le papier et la pellicule dans le bain de
platine. C'est toujours par ce bain que la substitution doit commencer.

Le papier reste dans le liquide en dessous de la
pellicule, si l'épreuve doit passer successivement
par plusieurs bains.

Il n'y a pas à s'inquiéter si le papier humide apporte dans le bain suivant quelques gouttes du premier liquide renforçateur. Tous les métaux nobles, en effet, que nous manipulons dans ce système ont le même point de départ qui est le platine, puisqu'ils sont extraits sans exception du minerai de ce métal.

Ils se combinent entre eux et forment des alliages. Chacun de ces métaux peut par lui-même fournir une épreuve vitrifiable, mais le ton varie suivant l'oxyde ou la combinaison d'oxydes qui se substituent à l'oxyde d'argent qui est le point de départ forcé, puisque les sels d'argent seuls ont la sensibilité voulue pour donner l'épreuve.

Cette épreuve une fois produite passera à volonté, après avoir reçu des principes inaltérables au feu, du noir au noir pourpré et du brun au ton sépia, et c'est en vue de ces modifications et simplement pour la nuance que nous mettons à réquisition toute la série des sels platinoïdes.

Substitution. — Signes visibles indiquant qu'un métal s'est substitué à un autre métal.

La substitution d'un métal à un autre métal exige un temps plus ou moins long, suivant le dosage du bain d'élimination dans lequel cet échange se fait.

Si nous dissolvons 1^{gr} de bichlorure de platine ou d'iridium dans un litre d'eau distillée, le sel d'argent sera remplacé en sept ou huit minutes par le platine ou par l'iridium, ou par l'alliage de ces deux métaux, si l'on fait entrer dans la composition du bain ce double élément métallique; mais l'immersion de la pellicule pourra ne durer que la moitié de ce temps si les sels solubles n'ont comme dissolvant que 500^{cc} d'eau.

Le résultat sera toujours atteint, quelle que soit la densité du bain régénérateur, mais la durée de l'immersion de la pellicule dans le liquide doit se prolonger d'autant plus que le métal y sera en quantité moindre.

On voit, d'après cette règle invariable, que le dosage des bains de substitution n'a qu'une importance relative. On se bornera donc à tenir un juste milieu sans trop s'écarter des quantités métalliques indiquées par les formules reconnues bonnes par l'expérience.

Les photographes savent fort bien que ce n'est pas par l'excès d'argent mêlé à l'acide pyrogallique ou au bain de fer que le négatif se renforce. Si l'excès métallique est nuisible dans le traitement du cliché, ils peuvent supposer, et le fait est exact, que cet excès sera également nuisible dans le traitement de la pellicule libre dans les bains de substitution.

Ce genre de renforcement requiert une quantité

voulue de principes métalliques. L'excès n'est pas utile. Il s'agit au fond de remplacer dans la pellicule la quantité d'argent métallique réduit par la lumière et par les bains réducteurs. Quelle que soit la densité des bains de substitution et l'abondance du métal, le dépôt métallique s'arrêtera quand les dernières traces d'argent se seront écartées en présence du métal envahisseur. A partir de ce moment, il ne se produira plus d'action chimique dans la pellicule et la liqueur platinique y jouera un rôle tout aussi effacé que le ferait un bain d'eau distillée.

La Céramique métallique par substitution aurait pris, nous en sommes persuadé, un plus grand développement, si l'on avait trouvé dans un livre des règles précises capables d'éclairer celui qui ne craint pas de joindre à son industrie les applications nouvelles.

On n'ose pas se lancer dans l'inconnu.

Nous espérons que cette brochure, en jetant quelque jour sur la matière, engagera les intéressés à essayer ce procédé qui n'offre pas de difficultés dans l'exécution et qui, dans sa simplicité, vaut sous tous les rapports le système par saupoudrage.

Nous n'avons pas la prétention de présenter des réactions inconnues.

Nous voulons, plus modestement, réunir ici les rares notions éparses, écrites sur le procédé et développer une méthode qui permet d'exploiter un filon négligé.

Reprenons l'épreuve quand elle est encore sur le verre et immédiatement après l'opération photographique.

Supposons que le cliché positif soit exact au point de vue de la transparence et du modelé.

Il est clair que dans ces conditions nous sommes en bonne voie. Mais ce n'est pas tout. Le résultat ne saurait être atteint si l'on négligeait de prêter une attention soutenue aux observations qui suivent et qui résument en quelque sorte toute l'économie du procédé.

Si cette épreuve, qui nous paraît satisfaisante à tous les points de vue, était reportée sur une plaque d'émail, nous aurions par réflexion une image pareille à l'épreuve qu'on tire sur papier albuminé.

Ce report nous donnerait un faux émail, et dans ce cas le résultat serait complet si nous n'avions pas comme but une épreuve vitrifiable.

Mais cette épreuve positive, telle qu'elle vient d'être décrite, peut subir d'autres modifications, soit comme transparence, soit comme vigueur.

Si nous avions prolongé l'effet des bains renforçateurs ordinaires (acide pyrogallique, bichlorure de mercure), il est évident que l'épreuve ne serait pas restée stationnaire.

Elle aurait pris plus d'intensité aux dépens de

la transparence, et cette épreuve jugée excellente pour un report sur émail sans vitrification, se serait chargée en principes métalliques au point de se transformer en une épreuve trop vigoureuse, ne pouvant servir qu'à former un vitrail.

Admettons pour un instant que le renforcement ait été poussé encore plus loin.

Nous aurions dans ce cas une épreuve qui sortirait de tout ordre d'application.

Puisque la pellicule subit les mêmes transformations dans les solutions de platine, d'or et d'iridium, il est de toute importance de régler l'effet de ces bains et d'en retirer l'épreuve dès qu'elle a atteint l'intensité qui correspond à l'emploi qu'on veut en faire.

On comprend donc qu'il ne s'agit pas de renforcer l'épreuve formée primitivement par l'argent réduit et d'incorporer à la pellicule une surcharge métallique, puisque, dans ce cas, ce ne serait plus une substitution qui s'opérerait. Le résultat du séjour dans le bain régénérateur serait un excès de renforcement qui se ferait aux dépens de la transparence.

Cette surcharge intempestive serait aussi nuisible que l'excès de développement par le bain d'acide pyrogallique.

Il faut établir en principe que le bain d'élimination a pour effet d'introduire dans la pellicule de collodion un métal différent de celui que la couche a reçu en principe et que le nouveau métal ne doit se substituer au premier qu'à quantité égale. L'épreuve, en un mot, ne doit ni perdre ni gagner par suite de la transformation qui s'opère dans la couche de pyroxyle.

On n'ignore pas que dans le renforcement des négatifs manquant de pose, on emploie quelquefois le bichlorure de platine pour rendre le cliché plus intense, et l'on a pu remarquer que le renforcement au platine est, en quelque sorte, instantané et qu'il est inutile de le prolonger puisque, après le premier dépôt, le métal réduit n'a plus d'adhérence sur la plaque.

Le bain renforçateur, coulant en nappe, enlève les dépôts successifs à mesure qu'ils se forment.

Il en serait tout autrement sur la pellicule libre soumise au bain de platine en repos. L'excès du métal réduit qui ne serait pas entraîné par une nappe d'eau courante se déposerait sur l'épreuve et la transparence de l'image en serait altérée.

La pellicule est retirée du bain de substitution dès que le ton normal de l'épreuve argentée, quelle que soit la nuance amenée par le renforcement, s'est entièrement modifié et que cette altération, comme teinte modifiée, s'accuse franchement dans les demi-teintes les plus légères.

Dans les grandes ombres, l'effet se produit presque instantanément.

Si l'on a sous les yeux, sur la table où l'on

opère, une seconde épreuve immergée dans un bain d'eau fraîche, comme nous l'avons conseillé, on pourra dans les premiers essais arrêter l'effet du bain dès que l'épreuve modifiée de couleur aurait une tendance à s'éloigner de la transparence de la pellicule qui sert de terme de comparaison.

Il ne faut pourtant pas d'exagération dans l'application de cette manière d'agir, car l'épreuve en argent soumise au bain de substitution gagne en vigueur dans un bain d'un métal plus riche, mais ce renforcement doit être peu accentué. Cet excès est même nécessaire, car les épreuves qui passent par le moufle ont une tendance à baisser de ton dans le feu le mieux surveillé.

Il arrive quelquefois que l'épreuve positive pâlit en passant dans les solutions qui tiennent des sels d'urane en suspens. Cet affaiblissement n'est qu'apparent. L'épreuve reprend sa force dans un bain de chlorure d'iridium.

En résumé, la pellicule destinée à la porcelaine ne doit subir que le virage nécessaire qui amène la modification de la teinte, celle qui est réservée à la plaque d'émail supportera un renforcement plus accentué et la surcharge métallique pourra dépasser ces dernières limites et voiler même la transparence de l'épreuve, si le support est une feuille de verre.

On ne doit pas considérer comme des longueurs

inutiles les explications et les détails dans lesquels nous entrons.

Quand le thème dont on s'occupe n'a jamais été traité avec les développements qu'il comporte, il faut à peu près tout dire et quelquefois même ce n'est pas suffisant.

Si, comme nous l'avons déjà vu, le dépôt métallique se forme quand même et dans des conditions normales, quelle que soit la quantité des sels métalliques dissous dans le bain régénérateur, il est naturel d'en déduire qu'il vaut mieux préparer des solutions peu chargées, d'abord par économie et ensuite pour que l'opération puisse être conduite avec cette lenteur qui mène au résultat sans surprises désagréables.

Il n'est pas inutile, pour bien asseoir les idées, de rappeler ici une opération analogue, bien connue dans les travaux photographiques.

Nous voulons parler du virage des épreuves sur papier argenté.

Comme tous les lecteurs sont compétents dans l'espèce, nous dirons que les règles qui sont suivies dans le virage des épreuves pourront, par analogie, servir de guide dans le traitement de la pellicule, et que les accidents inhérents à l'emploi des bains de virage d'or et de platine se reproduiront dans les mêmes conditions avec les bains de substitution.

Les photographes n'ignorent pas que le bain

d'or est ennemi de l'hyposulfite de soude et que la dissolution de platine est précipitée par le contact du fer.

L'expérience leur a fait connaître qu'un bain de virage à l'or, si faible qu'il soit, amène cependant les épreuves au ton et que, dans ce cas, le temps exigé par le virage est en rapport avec la faiblesse du bain. Ils savent encore qu'un bain trop chargé en chlorure d'or amène trop vite le ton violacé, mais que l'excès métallique peut détruire la vigueur de l'épreuve et affaiblir les demi-teintes.

Ils savent aussi que l'or et le platine sont précipités par les poussières organiques et qu'en conséquence il est prudent de ne verser dans les cuvettes que la quantité de bain dont on prévoit l'emploi.

Ce qui précède est applicable aux bains que nous avons à préparer, et les accidents du virage, comme nous l'avons dit, seront les mêmes, faute de soin, avec les bains de substitution.

Ce rapprochement est utile pour mettre l'opérateur en garde contre les insuccès. Il est renseigné indirectement sur ce qu'il doit faire.

Les signes visibles dont nous avons parlé et qui révèlent les changements qui s'opèrent dans l'épreuve, quand elle est en contact avec un bain quelconque de substitution, se traduisent donc par le changement de ton et par un léger épaississement de la couche métallique.

La réaction suit une marche analogue, sinon identique à celle qu'on observe sur le papier albuminé, surtout lorsque le chlorure d'or est allié au platine dans le but d'apporter une modification à la couleur pourprée de l'épreuve.

L'épreuve positive vitrifiable change d'abord de teinte dans les grands noirs, et c'est sur ces parties que l'effet du bain accuse son action dans la première minute qui suit l'immersion de la pellicule.

Les demi-teintes prennent ensuite plus de vigueur, et les ombres légères à peine sensibles de l'épreuve s'accusent plus nettement sans qu'il soit nécessaire de les examiner par transparence. Ce changement est visible à l'œil nu sur la pellicule.

Il n'est pas inutile dans les premiers essais du procédé, et nous l'avons déjà dit en passant, en attendant que l'expérience ait indiqué à quel moment il convient de soustraire l'épreuve aux effets du renforcement, de prendre deux épreuves positives du même négatif, à peu près de même vigueur et de même transparence.

On peut suivre alors, en examinant les deux pellicules qu'on a sous les yeux, l'une dans l'eau distillée, l'autre dans le bain de substitution, les modifications et les changements qui surviennent dans la deuxième et déterminer par comparaison à quel moment il convient de soustraire l'épreuve à renforcer à l'influence du bain métallique.

Cette comparaison est d'autant plus nécessaire

que la pellicule ne doit pas se charger hors mesure, mais en sortir transformée.

C'est le côté délicat du procédé et c'est du tact
qu'on met dans cette appréciation que le succès
dépend.

Tout ce qui a été dit antérieurement resterait
lettre morte si l'on n'était pas à même de juger du
manque ou de l'excès de renforcement.

Du voile et des retouches.

Les accidents qui se produisent sur les négatifs
ordinaires reparaissent dans les mêmes circon-
stances et résultent des mêmes causes dans l'obtention des positives vitrifiables. Il serait long
d'entrer dans tous les détails. Ce serait un Traité
de Photographie qu'il faudrait écrire.

Nous n'avons ici à nous occuper que du voile,
qui est le plus grand obstacle à la réussite du procédé et qui rend les épreuves entachées de ce défaut impropres à la vitrification.

Il faut s'arrêter court dès que le voile se montre
sur l'épreuve, pour en chercher la cause et y porter
remède. Or, ces causes sont très nombreuses.

L'épreuve se voile si la lumière blanche, si faible
qu'elle soit, pénètre jusqu'à la plaque sensible,
soit dans le laboratoire, soit dans le châssis ou
dans la chambre noire.

Le voile se produit encore quand les rayons du soleil tombent directement ou obliquement sur le verre de l'objectif. On y remédie en adaptant à l'appareil un cône en carton peint en noir, mat à l'intérieur.

Dans les temps chauds et secs, le collodion a une tendance naturelle à contracter ce défaut. On augmente, dans ce cas, l'acidité du bain de fer.

Un voile noir très accentué provient des matières organiques qui s'introduisent à l'état de poussière dans le bain sensibilisateur. En exposant ce bain pendant quelques heures au soleil, l'accident n'aura pas de suite. Les corps réducteurs, mêlés accidentellement au liquide argenté, produisent le même effet. Ce bain altéré n'a plus de valeur. Il faut le remplacer, et, si l'accident est le résultat de l'emploi d'un coton azotique mal préparé, le collodion est mis au rebut.

La glace se voile encore si le bain sensibilisateur est trop alcalin. Une ou deux gouttes d'acide azotique versées dans la cuvette remettront tout en ordre.

Il y a voile encore après une pose exagérée et si la couche de collodion séjourne trop longtemps dans le bain d'argent.

Un collodion trop alcalin, surtout si l'iodure de cadmium y domine, engendre aussi le voile. On y remédie en versant une ou deux gouttes de teinture d'iode dans le flacon à collodion, qu'on agite et qu'on laisse reposer pendant une heure ou deux.

Voilà les causes ordinaires du voile, et nous avons indiqué les moyens de parer à ce défaut capital.

Une épreuve positive qui n'est pas faite en vue de la vitrification, peut toujours être retouchée au crayon ou à l'encre de Chine, mais celle qui est réservée pour le moufle ne peut recevoir aucune correction avant la vitrification et, malheureusement, les négatifs les plus parfaits, et principalement les clichés au gélatinobromure, sont semés de points et de gerçures qui sont peu visibles dans l'épaisseur de la couche, mais qui font tache et déparent la contre-épreuve.

Si l'on veut éviter les retouches, il faut, après une première épreuve d'essai, corriger sur le négatif les défauts qui se traduisent par des blancs : irrégularité du fond, piqûres, stries, etc.

On n'aura plus, après ce travail préventif, que quelques retouches en noir, sans importance, à faire sur la plaque d'émail quand l'épreuve sera fixée dans le moufle avant d'en compléter la vitrification.

Les quelques points noirs qui pourraient rester sur la pellicule seront divisés à l'aiguille, comme on le fait dans la méthode par poudrage, en attaquant la surface sans entamer le collodion.

CHAPITRE VIII.

DES MOYENS DE REPRODUCTION.

Reproduction illimitée d'une même épreuve sans l'emploi de la chambre noire.

On a vu que toute pellicule qui a passé par l'état sec ne peut pas être employée dans le procédé et que, par suite, les collodions conservés ne peuvent nous rendre aucun service.

Mais il n'est pas impossible, en vue d'activer la production, de tirer des épreuves positives au châssis-presse sur collodion humide, sans le secours de la chambre noire, si l'épreuve doit être produite industriellement et par séries.

L'épreuve, dans ce cas, ne peut être ni augmentée ni réduite.

PREMIÈRE MÉTHODE.

On prend d'abord le cliché négatif du sujet en suivant la méthode ordinaire, et c'est ensuite au châssis-presse que le tirage se fait sur le négatif.

Dans cette opération délicate, les épreuves seraient, sans tour de main, le plus souvent déchirées et des accidents fréquents se produiraient au moment de la séparation des surfaces.

On arrive cependant à rompre l'adhérence des deux glaces en couvrant d'une solution légère de caoutchouc les glaces réservées aux négatifs. La couche de gomme n'est pas nécessaire si l'on se sert d'un vieux cliché verni.

Le caoutchouc se trouve dans l'industrie en solution saturée. On amincit le produit en y ajoutant une partie de benzine rectifiée, pour l'amener à la densité d'un collodion ordinaire.

Les glaces (et la glace vraie doit être seule employée) sont recouvertes de cette couche protectrice au moins deux heures avant d'opérer. La couche de caoutchouc ne durcit jamais, mais après ce temps, la benzine est suffisamment évaporée.

Les glaces qui sont réservées à la multiplication de l'épreuve positive, seront mixtionnées sur la largeur de $0^m,005$ sur les quatre arêtes et au pinceau, avec le même vernis qui peut être remplacé par l'albumine des œufs battus.

Albumine . . . . 5^{gr}
Eau distillée. . . . . 100^{cc}

Les glaces sont placées une à une dans un bain d'alcool pour coaguler l'albumine. Cinq ou six minutes d'immersion sont un temps suffisant.

Cette méthode supprime l'emploi du second bain d'argent et rend la production beaucoup plus rapide.

Le négatif, fixé et lavé à grande eau, reste plongé dans une cuvette d'eau distillée entre chaque reproduction.

La glace sur laquelle l'épreuve positive doit être faite est d'abord collodionnée. Elle est lavée en sortant du bain d'argent, d'abord à l'eau ordinaire, et ensuite à l'eau distillée.

On l'applique, quand elle est égouttée, sur le négatif, dont on a rogné les angles pour laisser le verre à nu, et la même opération étant faite sur la glace positive, on pose sur les quatre angles dénudés du négatif, un carré de papier mince pour atténuer le contact.

L'insolation se fait dans un châssis-presse sans barettes. La pression des doigts et le poids du châssis renversé sur la main établissent un contact suffisant. On insole, comme il est dit dans le Paragraphe suivant.

DEUXIÈME MÉTHODE.

La deuxième méthode pour produire l'épreuve positive, est moins délicate et beaucoup plus sûre.

Elle consiste à prendre d'abord un négatif ordinaire, mais parfait, de l'épreuve à reproduire.

La contre-épreuve de ce premier cliché négatif devient le type à reproduction.

Le cliché type·positif, tout comme le premier, est fait en suivant les règles de la Photographie normale et à la chambre noire.

Le négatif d'origine devient inutile dès qu'il a fourni une épreuve positive sans défaut.

C'est sur ce dernier cliché positif, qui est le résultat ultime de ces opérations successives, qu'il s'agit de prendre à la chambre noire, comme il vient d'être dit, le cliché type qui, renforcé dans les bains de substitution, puis passé au moufle, donnera une épreuve vitrifiée et inaltérable, capable de donner au châssis-presse autant de pellicules vitrifiables que le travail de reproduction en exigera.

La méthode par poudrage développée dans notre *Traité pratique des émaux photographiques* (¹) peut donner le cliché reproducteur.

Le positif vitrifié obtenu par l'une ou par l'autre méthode, est nettoyé comme une glace ordinaire après chaque reproduction, au tripoli d'abord et ensuite à la teinture d'iode.

Le collodion sensible est versé sur la face qui porte l'épreuve fixée par le feu. On sensibilise

____

(¹) GEYMET, *Traité pratique des émaux photographiques. Secrets* (tours de mains, formules, palette complète, etc.) *à l'usage du photographe émailleur sur plaques et sur porcelaines.* 3ᵉ édition. In-8 jésus: 1885 (Paris, Gauthier-Villars et fils).

dans le bain d'argent indiqué par la première formule.

On substitue au châssis-presse ordinaire un appareil spécial des plus simples et disposé comme il suit :

On fixe, dans une boîte quelconque bien ajustée et ne laissant aucune issue au jour, un intermédiaire occupant tout l'espace intérieur, mais portant une ouverture dont les dimensions correspondent à celle des glaces sur lesquelles les épreuves vitrifiables seront développées. Le négatif, du reste, donne les mesures de l'ouverture.

On ménage, dans l'épaisseur des montants de l'intermédiaire, des angles à demi-bois pour maintenir le négatif à quelques millimètres de hauteur du fond de la boîte, dont l'intérieur est peint en noir mat ou recouvert de papier noir. L'appareil est fermé par un couvercle qu'on relève et qu'on rabat.

On place le négatif vitrifié recouvert de la couche de collodion sensible sur l'intermédiaire, et l'on ferme la boîte avant de la porter dans la pièce où l'on insole.

On a compris que, l'exposition se faisant à travers le négatif, la boîte étant ouverte, c'est le côté non recouvert de collodion qui doit porter sur les angles de l'intermédiaire.

C'est donc le verso du négatif bien essuyé qui fait face à l'ouverture de l'appareil.

L'insolation dans la formation des épreuves positives s'exécute aujourd'hui à la clarté d'une allumette.

Cette lumière et ce laps de temps, qui sont suffisants avec les glaces au gélatinobromure, seraient incapables de donner de bonnes épreuves sur collodion humide.

Avec les glaces collodionnées, il est absolument nécessaire d'exposer au jour dans une pièce faiblement éclairée, recevant le jour non pas de l'extérieur, mais d'une autre pièce peu claire.

Il suffit d'ouvrir et de refermer presque instantanément le couvercle de l'appareil.

L'insolation peut varier entre une et trois secondes. Quelques essais préalables indiqueront le temps de pose exact.

Après la pose et le développement, on détache la pellicule du négatif vitrifié dans l'eau acidulée.

L'épreuve est traitée comme les épreuves positives obtenues à la chambre noire.

On la renforce après dans le bain de substitution.

On éprouve quelque difficulté d'abord à se rendre compte de la valeur de l'épreuve à cause du négatif sous-jacent qui en altère forcément la transparence.

Mais on arrive en peu de temps à un renforçage précis par la seule inspection de la surface.

De la valeur du négatif.

L'épreuve positive vitrifiable, quelle que soit la méthode choisie pour la produire, collodion humide ou collodion chloruré (mais nous préférons la première méthode), ne vaut quelque chose qu'autant que le négatif qui la donne est dans les conditions exigées par le procédé. Tout sujet gravé, dessiné, imprimé ou pris sur nature peut être reproduit et fixé sur le verre, sur la porcelaine ou sur l'émail.

Le point essentiel, c'est que le négatif de valeur exacte reproduise fidèlement le type et soit renforcé juste à point pour communiquer à l'épreuve positive le caractère de la méthode choisie par le graveur ou par le dessinateur.

Cette observation ne s'applique pas seulement aux reproductions fixées par le moufle, mais à tous les genres de reproduction.

Un dessin au crayon ne peut pas être rendu comme un dessin à la plume.

On doit pouvoir reconnaître le moelleux et le flou du graphite dans la copie.

Le but serait manqué si, par suite d'un renforcement trop vigoureux, les traits à peine marqués par le crayon prenaient dans la reproduction la vigueur d'un trait de plume ou l'accentuation d'une ligne de gravure.

Il est très difficile à l'opérateur, s'il n'a pas le tact et le goût qui sont indispensables au photographe pour exercer sa profession avec intelligence, de faire passer dans la copie le sentiment du modèle et de laisser percer le genre qui a présidé à la reproduction.

Ce ne sont plus les réactions chimiques qui sont en jeu pour laisser à l'original son caractère propre, les réactions étant toujours les mêmes, mais bien plutôt l'art de les pousser et de les arrêter à point.

Mais ce côté de la question n'est que secondaire. Ce n'est pas à ce point de vue que nous avons à nous occuper du cliché, quoique les qualités dont nous parlons soient nécessaires aux négatifs qui nous serviront à reproduire les épreuves positives vitrifiables.

La condition nécessaire à la réussite du procédé, c'est l'obtention de négatifs complets pouvant donner régulièrement des épreuves parfaites sans qu'il soit nécessaire de recourir à des moyens détournés de renforçage et de pose pour amener des demi-teintes absentes qui n'arrivent le plus souvent qu'au détriment des autres parties du cliché.

Chaque genre de reproduction, on l'oublie trop souvent, réclame des clichés spéciaux, les photographes ne l'ignorent pas, mais beaucoup de nos lecteurs n'ont pas l'expérience de ces derniers et ils supposent, en conséquence, que tout cliché développé et renforcé doit forcément reproduire la copie fidèle du modèle.

Dans le tirage sur papier argenté, le cliché négatif reproduit presque toujours plus ou moins le type.

L'amateur et même le photographe s'inquiètent souvent peu que la ligne, s'il s'agit d'une gravure, par exemple, soit plus ou moins nette; la déformation, quand elle n'est pas trop apparente, n'a rien qui les choque, et si le négatif se trouve voilé sur le côté qui correspond à la partie non vitrée de l'atelier, l'imperfection de la copie qui en résulte leur paraît sans importance.

Ce sont précisément ces imperfections qui s'opposent à tout résultat dès qu'on s'écarte de la Photographie qui se borne à la reproduction du portrait sur papier albuminé pour toucher aux parties industrielles.

Avec des négatifs entachés des vices dont nous parlons, il est inutile de tenter la Gravure, la Phototypie, la Zincographie, la Céramique, etc.

Les photographes sont même étonnés que les opérateurs qui, dans les maisons industrielles d'impression, sont chargés d'exécuter les travaux qui sont en dehors de la Photographie courante, refusent d'accepter ces négatifs qu'ils considèrent comme parfaits et qui n'ont cependant aucune valeur pour les applications industrielles.

Les opérateurs photographes qui se croient habiles, et qui le sont quelquefois, s'imaginent même que leurs travaux leur sont refusés de parti pris.

Ils ne savent pas que quelques tailles bouchées au renforcement dans un travail de gravure rendent l'opération impossible, et que la moindre apparence de flou sur les bords d'un négatif s'oppose au dépouillement de la couche de bitume ou d'albumine.

Un négatif heurté rend le tirage phototypique difficile et quelquefois impossible. Les parties correspondant aux lumières sont brûlées, et sous les noirs la gélatine manque d'insolation.

On ne saurait trop répéter que, sauf le cas de gravure linéaire, le photographe doit surveiller ses négatifs au développement et qu'il ne doit en aucune façon forcer les demi-teintes. Il est préférable, surtout dans le cas qui nous occupe, d'exagérer le temps de pose pour amener une épreuve négative, nous ne dirons pas grise, ce serait un excès, mais une épreuve montrant avant le renforcement toutes les demi-teintes du modèle sans qu'il soit nécessaire de les pousser pour leur donner leur valeur.

Un cliché positif ou négatif qui, par suite d'une pose bien réglée, met après le passage du bain de fer tous les détails en évidence a toujours une pose suffisante. Il ne s'agit plus que de le renforcer à l'acide pyrogallique pour lui communiquer l'opacité modérée qui convient à la reproduction de l'épreuve positive. Le renforcement ne doit pas s'exercer sur telle ou telle partie de la glace, mais sur la surface tout entière.

Si quelques détails ne montent pas ou ne montent que par suite d'un renforcement local et partiel, il est préférable de recommencer l'opération et d'augmenter le temps de pose.

Nous parlons, bien entendu, de la reproduction d'une épreuve à un seul ton, grisaille ou dessin noir.

Il est certainement beaucoup plus difficile d'obtenir la régularité et la valeur exacte des teintes dans la reproduction des paysages, des dessins colorés et des peintures multicolores.

Mais ce qui précède n'en est pas moins exact.

Il faut, quand les couleurs sont en jeu, recourir à l'éosine en teintant franchement le collodion par l'addition d'une goutte d'alcool éosiné. Une coloration trop vive serait nuisible à l'opération. Nous avons indiqué le dosage de la matière colorante dans le *Traité des émaux photographiques*.

Dans ces conditions, les types colorés rentreront dans le cas général, et les demi-teintes rouges, vertes et jaunes prendront au développement leur valeur proportionnelle sans qu'il soit nécessaire de les pousser au détriment de l'ensemble.

CHAPITRE IX.

PRÉPARATION DES SELS SOLUBLES DES MÉTAUX DE LA SEPTIÈME CLASSE COMBINÉS AVEC LE POTASSIUM OU LE SODIUM.

En dehors des métaux de la septième classe, c'est-à-dire des métaux platiniques, nous aurons quelquefois recours par exception au fer et au mercure, au cobalt et au manganèse qui appartiennent à d'autres séries, et enfin au sodium ou au potassium. Ces deux derniers métaux ne nous serviront qu'accidentellement pour la préparation des sels solubles des métaux nobles, puisque les chlorures de platine, d'or, d'iridium et de palladium doivent entrer dans la composition de nos bains à l'état de sels doubles.

Potassium.

Le potassium et le sodium se combinent avec tous les métaux de la septième classe.

Le chlorure de potassium n'a que peu de valeur.

Il n'y a pas grand avantage à le préparer soi-même, mais la pureté des produits étant une condition absolue de succès dans les travaux de Céramique, nous conseillons aux opérateurs d'en préparer une centaine de grammes qui seront mis en réserve dans un flacon à large ouverture, bouché à l'émeri.

Voici le mode de préparation :

On verse jusqu'à saturation de l'acide chlorhydrique fumant et chimiquement pur dans une dissolution de carbonate de potasse.

Le sel de potasse dissous est saturé d'acide, quand la liqueur commence à rougir la teinture de tournesol.

On évapore dans une capsule en porcelaine jusqu'à 32° le mélange préalablement refroidi et filtré.

Les cristaux qui se forment et qu'on laisse sécher après les avoir lavés dans l'eau distillée froide pendant quelques secondes, constituent le chlorure de potassium qui est la base des chlorures des métaux sus-énoncés, après la formation des sels doubles.

Il y a un grand intérêt à n'employer qu'un chlorure de potassium dont on soit sûr, puisque ce sel fera partie de presque tous les chlorures doubles qui entreront dans la préparation des bains de substitution, et nous ajoutons qu'il n'est pas possible de former des épreuves positives capables de résister au feu sans s'affaiblir, si l'on s'écarte des indications précises détaillées dans le Traité, à moins que l'opérateur n'ait, par des recherches, trouvé des équivalents.

Préparation du chlorure double d'or et de potassium.

La préparation du chlorure double d'or et de potassium a été indiquée bien des fois dans les Traités de Photographie ([1]). Mais, par suite de l'emploi de ce sel en Céramique et des conditions anormales, photographiquement parlant, dans lesquelles nous l'utilisons, il y a un certain intérêt à faire connaître les manipulations chimiques et le dosage particulier pouvant fournir un sel double plus en rapport avec nos opérations.

Ce que nous disons du chlorure d'or est applicable aux autres sels de même genre, et c'est ce qui nous force à entrer dans certains détails qui ont dans ce livre une importance locale.

Il sera prudent d'en tenir compte si l'on ne veut pas s'exposer à des essais coûteux et inutiles.

Nous avons vu que les sels des métaux riches, sur lesquels tout le système est assis, ne s'emploient qu'en solutions diluées; il est donc très important de former des sels d'une grande pureté et renfermant en principes métalliques tout ce

([1]) Paris, Gauthier-Villars et fils.

qu'ils peuvent contenir. Ce n'est pas au point de vue de la combinaison chimique des sels que nous parlons.

Le chlorure, c'est-à-dire le sesquichlorure d'or pur sans addition de potasse ni de soude, doit renfermer 2 équivalents d'or, et 3 équivalents de chlorure. Le chlorure double d'or et de potassium ne diffère du premier produit que par une addition de sel de potasse qni transforme le produit en chloro-aurate de potassium.

Le chlorure d'or pur a donc une composition définie dans laquelle l'or métallique entre comme $2:3$, combinaison invariable qui ne saurait être modifiée dans la préparation.

Il n'en est pas de même des chlorures doubles. L'addition de potasse ou de soude peut être faite en toute proportion, non plus par suite d'une réaction chimique inéluctable, mais par simple mélange. Dans ces conditions, la potasse ou la soude, le chlore, l'hydrogène et l'oxygène peuvent être mêlés au chlorure d'or en toutes proportions.

Dans un produit où les équivalents chimiques ne sont pas en accord avec la formule, la quantité d'or peut être réduite dans des proportions telles, que l'insuffisance du métal rende illusoire l'emploi du bain de substitution.

Dans ce cas, l'épreuve vitrifiable perd toute sa vigueur dans le moufle et, après la fusion, la plaque d'émail ne montre qu'une épreuve à peine accusée, |manquant de vigueur et d'énergie. La même insuffisance de métal peut se rencontrer dans les chlorures doubles de platine, d'iridium et de palladium.

On voit, par ces explications, l'importance qu'il faut attacher à la préparation des chlorosels, et nous croyons qu'il vaut mieux les faire soi-même, en se conformant aux manipulations et aux dosages que nous allons indiquer.

Manipulations.

On dissout dans une capsule en porcelaine placée sur un bain de sable et chauffée à une température moyenne :

Or vierge en ruban. . . . . 5^{gr}
Eau régale. . . . . 25^{cc}

L'eau régale sera composée de :

Acide azotique pur. . . . . 5^{cc}
Acide chlorhydrique pur. 25

On coupe avec des ciseaux l'or laminé en rubans en petits fragments, et l'on couvre la capsule d'un entonnoir en verre pour éviter la perte qui résulterait des projections quand le liquide est en ébullition.

Il est très important de réduire le feu quand l'opération touche à sa fin. Les paillettes d'or sont alors complètement dissoutes et la liqueur a une tendance à s'épaissir.

Il faut surtout éviter que, par un coup de feu trop vif, le produit passe du jaune clair au brun foncé. Il se produirait, dans ce cas, du protochlorure d'or insoluble dans l'eau. Il y aurait perte et les épreuves positives renforcées dans le bain de substitution préparé avec ce produit imparfait n'y prendraient pas leur complément.

On se borne à évaporer le liquide jusqu'à cristallisation. Le peu d'acide qui reste sera neutralisé par le chlorure de potassium qui entrera en mélange avec le produit.

Dès que la cristallisation commence, on étend la liqueur d'un quart d'eau distillée. On verse après 10^{gr} de chlorure de potassium et l'on évapore à sec sur un feu très doux après avoir filtré le liquide au papier ou sur l'amiante.

En substituant le chlorure de sodium au chlorure de potassium dans les mêmes proportions, on aura le chlorure double d'or et de sodium.

Les bains de renforcement (dont les formules sont données dans le dernier Chapitre de ce Traité), sont dosées en raison de la quantité d'or qui entre dans la composition des chlorures doubles, telle que nous l'avons indiquée.

Les résultats qu'on obtient en se conformant à ces indications sont complets. On pourrait cependant réduire la quantité des sels de soude ou de potasse et introduire de ce fait dans les bains de substitution une plus grande quantité de métal.

Comme on a pu le voir, nous employons des bains acides que nous neutralisons par le bicarbonate de soude, mais que nous acidifions après avec quelques gouttes d'acide azotique.

Cette méthode opératoire indique que les bains rendus alcalins par la soude ou par la potasse ne sont pas absolument nécessaires et qu'on peut laisser dominer l'or dans les chlorures doubles.

Chlorure de platine.

C'est au platine, avant tout autre métal, qu'il faut recourir dans la Céramique photographique par voie de substitution, et c'est de la préparation exacte du sel de ce métal que dépend, en bonne partie, la vigueur des pellicules vitrifiables.

L'iridium pourrait toutefois remplacer le platine, si ce dernier métal était d'un prix moins élevé. Ces deux métaux ont des rapports si intimes, que la nature les a liés l'un à l'autre dans les minerais d'extraction. C'est du reste à l'iridium que l'autre métal doit sa dureté. A l'état pur, le platine est aussi mou que l'argent.

On peut le combiner en toutes proportions dans les bains d'élimination avec l'argent, l'or, l'osmium, le palladium et l'iridium. Tous ces métaux congénères du platine n'entrent dans la composition des bains que pour en modifier le ton. Le platine peut suffire à lui seul à la formation de l'épreuve.

Ce métal est infusible au feu de forge, et c'est cette résistance qui nous permet de former des images fixes par suite de la division du métal qui s'effectue dans la formation du sel soluble, soit que le feu le fixe sur le support à l'état de noir de platine, soit qu'il s'y dépose à l'état d'oxyde, puisque nous savons que certains oxydes, même irréductibles par la chaleur, le décomposent à la température du moufle.

C'est probablement cette propriété qui nous permet de retirer du feu des images vitrifiées exemptes d'éclat métallique.

Protochlorure de platine.

Le sel de platine qui convient au renforcement des pellicules est le bichlorure de platine, et mieux, le chlorure double de platine et de soude (chloroplatinate de sodium). On n'aurait que des résultats imparfaits avec le protochlorure qui s'obtient presque dans les mêmes conditions, mais qui n'est qu'imparfaitement soluble dans l'eau.

Le bichlorure n'apporte pas plus de principes métalliques dans les bains que le protochlorure, la quantité de métal étant la même dans les deux combinaisons du chlore et du platine, qui ne diffèrent l'une de l'autre que par un équivalent de chlore; mais le second produit, comme nous l'avons dit, est seul entièrement soluble dans l'eau.

On obtient le bichlorure en dissolvant du platine métallique ou la mousse de platine, pour rendre l'opération plus prompte, dans une eau régale composée de :

> Acide chlorhydrique . . . . 2 parties
> Acide azotique 1   »

On ajoute de l'eau régale à mesure, et l'on arrête lorsqu'il ne reste plus trace de métal.

On évapore jusqu'à siccité le liquide en abaissant la température du bain de sable vers la fin de l'opération.

Chlorures doubles de potassium et de platine, de sodium et de platine.

Le bichlorure de platine se combine avec les chlorures et forme les chloroplatinates.

Dans la formation du chlorure d'or, nous avons choisi le chlorure de potassium pour former le sel double. Nous sommes forcés, avec le platine, d'allier ce métal au sodium pour amener une combinaison neutre, à cause du peu de solubilité, dans l'eau, du sel double de platine et de potasse. Nous n'avons donc à nous occuper ici que de la préparation du chloroplatinate de sodium.

La préparation en est simple. On reprend le bichlorure de platine après l'évaporation, et, après avoir redissous le sel dans un peu d'eau distillée, après le refroidissement de la capsule et après filtration, on ajoute au liquide autant de grammes de chlorure de sodium (sel de cuisine) qu'il y a eu de grammes de mousse de platine attaqués par l'eau régale.

On peut, après quelques minutes d'ébullition, conserver le produit à l'état liquide dans un flacon bouché à l'émeri.

La soude neutralise le chlorure. Il n'y aurait pas d'inconvénient s'il restait trace d'acide.

Iridium.

L'iridium n'a été employé dans la peinture vitrifiable que dans ces derniers temps. Ce métal, comme le platine, a baissé de prix à mesure que la Chimie a trouvé des méthodes d'extraction moins coûteuses. Le métal pur se trouve en mousse et à l'état métallique dans l'industrie des produits chimiques.

On l'obtient en calcinant son chlorure double ammoniacal qui donne une poudre noire presque identique comme apparence au noir de platine qu'il peut remplacer dans la préparation du noir d'émail et de porcelaine. Il entre, comme le platine, dans la fabrication de nos poudres d'émail noir spéciales pour le développement par poudrage.

L'iridium est, comme le platine, réfractaire au feu de forge, et son pouvoir colorant n'a presque pas de limites, comme les couleurs d'aniline.

Une partie d'un sel soluble de ce métal peut colorer quarante mille parties d'eau.

Après le ruthénium et l'osmium, c'est le moins fusible de tous les métaux, et il s'allie comme le platine à tous les métaux de la septième classe.

On l'obtient à l'état de poudre noire en faisant digérer le sesquioxyde dans l'acide formique.

L'iridium forme avec les sels ammoniacaux un précipité brun foncé.

Bichlorure d'iridium.

Le bichlorure d'iridium se prépare comme le sel soluble de platine en attaquant le métal ou la poudre noire par une eau régale identique à celle qui sert à dissoudre le platine.

On forme le chlorure double d'iridium et de potassium en suivant les manipulations que nous avons indiquées pour la préparation du chlorure double d'or et de potassium.

Palladium.

Ce métal, découvert au commencement du siècle, n'a qu'un emploi limité dans les arts et dans l'industrie. Il sert à préparer des alliages fusibles inoxydables.

Il forme des précipités bruns avec presque tous les réactifs. Le dépôt est d'un noir riche avec le protochlorure d'étain et le chlorure de zinc.

Ce détail n'est pas sans importance et il est bon d'en prendre note.

Un livre n'est pas seulement utile par ce qu'on y lit, mais encore par les idées qu'il peut faire naître et qui en sont le complément. Ce complément a le plus souvent plus de portée que l'Ouvrage.

Le bichlorure de palladium est peu soluble dans l'eau. C'est le chlorure qui doit entrer dans la préparation des bains.

On obtient ce produit en dissolvant à chaud dans l'eau régale le palladium métallique ou le noir de palladium.

Le chlorure double se prépare de la même manière que les sels doubles de platine et d'iridium.

Cobalt.

Le cobalt à l'état d'oxyde a été employé de tout

temps dans la Céramique pour produire la teinte bleue.

Ce métal, comme tous les autres, ne peut entrer dans la préparation des bains qu'à l'état de sel soluble. C'est le chlorure de cobalt qui se prête le mieux au virage des pellicules.

On le prépare en attaquant le cobalt métallique ou son oxyde noir avec l'acide chlorhydrique concentré.

La dissolution rouge d'abord cristallise en grenat. La chaleur colore les cristaux en bleu.

Étendue d'eau, la liqueur prend une teinte rose.

En versant quelques gouttes de cette dissolution rosée dans un bain de substitution, les noirs s'éclairent et la teinte bleutée enlève aux ombres la sécheresse qui résulte de l'emploi des sels de platine et d'iridium.

Manganèse.

Le manganèse oppose au feu la même résistance, ou à peu près, que le platine. Les sels solubles de ce métal accentuent le ton noir et lui communiquent une teinte violacée.

On n'utilise dans la méthode que l'hydrate de protoxyde.

On le prépare en mélangeant une dissolution d'un sel soluble de manganèse à une dissolution concentrée de potasse caustique.

Le précipité blanc qui se forme est lavé dans l'eau pure.

Le sel de manganèse n'entre dans la composition d'un bain que pour en modifier le ton noir.

Le chlorure d'or est préférable, si l'on vise la couleur violette.

Conclusion.

Nous ajouterons comme conclusion, et le lecteur a déjà compris, que tous les sels métalliques solubles, quelle que soit leur nature, peuvent être mêlés aux bains de substitution pour modifier la couleur de l'épreuve, et qu'en dehors du platine et de l'iridium, aucun de ces sels ne sauraient, employés isolément, former une épreuve vigoureuse pareille à celle qu'on fixe sur l'émail par la méthode du poudrage.

Nous répétons en terminant que les vitrifications obtenues par ces procédés sont, comme finesse, supérieures aux produits donnés par notre première méthode.

CHAPITRE X.

Formule n° 1.

Réserve concentrée.

FLACON N° 1.

Bichlorure de mercure. . . . . 5^{gr}
Alcool à 40°. . . . . 10^{cc}
Eau distillée. 100

FLACON N° 2.

Chlorure d'or . . . . 2^{gr}
Eau distillée. . . . . 100^{cc}

Bain de substitution.

Mercure (flacon n° 1). . . . . 25^{cc}
Or (flacon n° 2). 25
Eau distillée 60

Cette première formule, qui ne s'écarte que peu
du bain de renforçage ordinaire, donne des tons
d'un noir franc si la pellicule, après le bain d'or,
passe dans la solution ammoniacale qui suit :

Ammoniaque liquide . . . . 1^{cc}
Eau distillée. 100

Le renforcement et par suite l'amalgame de l'argent et du mercure et la substitution de l'or à ces deux métaux pourraient se faire sur le verre même qui a servi à produire l'épreuve.

Il n'y aurait pas de raison d'opérer autrement s'il s'agissait d'un vitrail.

Les manipulations sont dans ce cas fort simples. Mais on ne peut pas procéder ainsi quand la pellicule quitte le verre pour passer sur une plaque d'émail ou sur un support en porcelaine, à cause du bain d'acide sulfurique dilué dont l'emploi est nécessaire pour détacher l'épreuve du verre.

Les oxydes métalliques se sulfureraient et de nombreux désordres seraient la conséquence de cette manière d'opérer.

Si l'on remplace l'acide sulfurique par l'acide chlorhydrique, les mêmes accidents se produisent. L'ammoniaque dissout, il est vrai, les chlorures qui se forment par suite de la réaction des métaux, mais il survient d'autres perturbations dont on ne peut expliquer l'origine.

En dehors de la vitrification sur verre, il sera prudent de se conformer aux manipulations qui seront indiquées à la suite de ces formules et qui ne changent pas, quel que soit le bain employé.

Formule n° 2.

Réserve concentrée.

Chlorure double de platine et de sodium.   5ᵍʳ
Eau distillée. 150ᶜᶜ

On mêlera pour former le bain de substitution :

Solution de platine. 10ᶜᶜ
Eau distillée. 125ᵍʳ

L'eau ordinaire est incompatible avec tous ces bains, sans exception, par suite des chlorures terreux et des sels qu'elle tient en dissolution.

Quel que soit l'état du bain de sel double de platine, acide ou alcalin, on évitera toute méprise en introduisant dans le flacon qui contient le liquide quelques parcelles de bicarbonate de soude et l'on arrêtera l'addition du produit quand il ne se produira plus d'effervescence.

S'il n'y a pas de production de gaz et de bouillonnement avec le bicarbonate au premier contact, il est inutile d'insister. Le bain est neutre. S'il est acide, le sel alcalin ajouté avec mesure le rendra neutre.

C'est un point de départ qui ne peut tromper. Il s'agit alors de rendre le bain légèrement acide pour faciliter l'élimination de l'argent.

On ajoute donc au liquide une goutte d'acide azotique pur et l'on essaie au papier tournesol.

Une deuxième goutte suit la première si le papier réactif n'a pas de tendance à se teinter en rouge. On arrête l'addition d'acide quand la teinte se manifeste et que le papier bleu rougit sensiblement sur la ligne qui sépare la partie sèche de la partie mouillée.

Si la coloration était trop vive, on l'éteindrait en ajoutant en plus quelques parcelles de bicarbonate.

Un bain trop acidulé contrarierait la réaction.

Tous les bains qui suivent auront le même traitement.

Formule n° 3.

Réserve concentrée.

I. Chlorure double de platine et de sodium . . . .   4^{gr}
     Eau distillée . . . . 100^{cc}

II. Chlorure d'or . . . .   2^{gr}
     Eau distillée . . . . 100^{cc}

Bain de substitution.

Platine (flacon n° 1) . . . . 10^{cc}
Or (flacon n° 2)   3

Formule n° 4. — Bain d'iridium.

Réserve concentrée.

I. Chlorure double de platine et de sodium . . . .   2^{gr}

II. Chlorure double d'iridium   2
     Eau distillée . . . . 100^{cc}

iii. Chlorure double d'or et de potassium. . . . . 2^{gr}
Eau distillée. . . . . 100^{cc}

Bain de substitution.

i. Solution de platine. . . . . 10^{cc}
ii. Solution d'iridium.   5
iii. Solution d'or.   2
Eau distillée   100

Formule n° 5. — Bain de palladium.

Réserve concentrée.

i. Chlorure double de palladium et de
potassium. . . . . $0^{gr},5$
· Eau distillée. . . . . 50^{cc}

ii. Chlorure double de platine et de
sodium. . . . . 3^{gr}
Eau distillée. . . . . 100^{cc}

iii. Chlorure d'or et de potassium. . . . 1^{gr}
Eau distillée. . . . . 100^{cc}

Bain de substitution.

i. Solution de palladium . . . . 5^{cc}
ii. Solution de platine.   15
iii. Solution d'or   2
Eau distillée.   100

Les cinq formules qui précèdent, et principalement les trois dernières, suffisent à elles seules aux besoins du procédé. Elles donnent toutes les nuances du noir au pourpre recherchées dans les épreuves photographiques.

Chacun de ces bains a sa caractéristique :

La liqueur platinique pure, sans addition métallique, communique aux épreuves vitrifiées des noirs vigoureux dans les grandes ombres et des gris d'une finesse et d'une légèreté extrême dans la teinte.

Les portraits offrent l'aspect des épreuves tirées en platinotypie sur papier.

Les bains de platine avec addition de chlorure d'or, éclairent la couleur noire et donnent aux émaux un ton riche, brun pourpré, exactement pareil à celui qui résulte du mélange du noir d'iridium, du pourpre de Cassius et du violet de fer dans les épreuves développées par le poudrage.

Cette coloration plaira mieux aux photographes. Elle se rapproche du virage à l'or.

En combinant dans les proportions indiquées le platine, l'or et l'iridium, on a plus de fermeté dans les ombres et les teintes s'accentuent. Le ton violacé s'assombrit.

Cette formule ne convient pas dans la reproduction des têtes d'enfants qui sont plus délicatement modelées par l'emploi du platine seul. Elle sera utile pour les portraits qui ont des lignes mâles et accentuées, et pour teints bistrés.

Le palladium mêlé même à très faible dose au platine et au chlorure d'or développe spécialement la couleur pourpre, mais toujours en présence de l'or. Avec le platine seul, le ton est sépia.

Ce ton s'accentue en raison de la quantité de palladium qu'on mêle au bain.

Les échantillons que nous avons produits en employant ces formules sont très variés de ton, mais la couleur en est toujours agréable.

Les épreuves s'écartent quelquefois de la teinte cherchée ; c'est la température du moufle qui est cause de ces variations, mais en rapprochant les épreuves, on distingue aisément, par comparaison, la dominante du métal qui a formé l'image.

Les couleurs brunes et sépia qu'on n'obtient pas avec cette première série de formules seront développées par celles qui suivent.

Formule n° 6. — Bain d'urane.

L'azotate d'urane change tous les tons qui précèdent et en modifie la couleur qui penche alors vers la teinte sépia.

Mais cette coloration se développe plus ou moins, suivant le mélange des chlorures.

Elle varie avec la température que l'émail supporte dans le moufle et en raison du temps que la pellicule passe dans le bain d'uranium.

Le sel d'urane ramène à une teinte plus claire et rend la transparence aux épreuves qui se sont trop chargées dans les solutions précédentes.

On suit attentivement la dégradation de l'image pour être prêt à la retirer à temps.

Cet affaiblissement est prompt à se produire. L'épreuve s'altérerait par suite d'une immersion trop prolongée.

Réserve concentrée.

i. Azotate d'urane.	2^{gr}
Eau distillée	30^{cc}
ii. Prussiate rouge de potasse.	2^{gr}
Eau distillée	30^{cc}

Bain de substitution.

i. Urane	10^{cc}
ii. Prussiate.	10
iii. Eau distillée	50

Formule n° 7.

Réserve concentrée.

i. Chlorure de platine.	1^{gr}
Eau distillée	60
ii. Chlorure d'étain	2^{gr}
Eau distillée	80
iii. Acétate de plomb.	2^{gr}
Eau distillée	30

Bain de substitution.

i. Platine.	10^{cc}
ii. Étain.	5
iii. Plomb	5
iv. Eau distillée..	150

Nous ne communiquons que les formules dont la valeur nous est connue, mais, comme nous l'avons déjà dit, ce champ d'expérimentation est vaste.

Il n'est pas douteux que tous les sels solubles dans l'eau, azotates, chlorures, acétates des autres métaux, et des métaux terreux dont les oxydes sont utilisés comme colorants dans l'industrie du céramiste donneraient à coup sûr des épreuves dans tous les tons par la méthode de substitution.

Citons comme exemple le chlorure d'aluminium qui est incapable par nature de développer une couleur et qui produit un bleu splendide dans le moufle, s'il est mis en rapport avec le chlorure de cobalt. On pourrait essayer les sels de cuivre pour développer la même couleur et le ton rose.

Le chlorure de manganèse combiné avec le silicate de potasse ou de soude, donne la couleur améthyste. Les sels solubles de fer, sulfate, perchlorure, formeraient les bruns, les rouges, le carmin, les violets; l'urane les jaunes, et les sels de chrome les verts en plusieurs nuances en les combinant avec les sels de cobalt.

Il est hors de doute que, par la méthode photographique, d'agréables surprises seraient réservées à ceux qui voudraient entrer dans cette voie pour occuper leurs loisirs.

FIN.

TABLE DES MATIÈRES.

CHAPITRE VI.

CHAPITRE VII.

CHAPITRE VIII.

CHAPITRE IX.

CHAPITRE X.

FIN DE LA TABLE DES MATIÈRES.

Paris. — Imp. Gauthier-Villars et fils, 55, quai des Grands-Augustins.

EXTRAIT DU CATALOGUE DE PHOTOGRAPHIE.

Agle. — *Manuel de Photographie instantanée.* In-18 jésus, avec nombreuses figures dans le texte; 1887. 2 fr. 75 c.

Audra. — *Le gélatinobromure d'argent.* Nouveau tirage. In-18 jésus; 1887. 1 fr. 75 c.

Baden-Pritchard (H.), Directeur du *Year-Book of Photography.* — *Les Ateliers photographiques de l'Europe* (Descriptions, Particularités anecdotiques, Procédés nouveaux, Secrets d'atelier). Traduit de l'anglais sur la 2ᵉ édition, par CHARLES BAYE. In-18 jésus, avec figures dans le texte; 1885. 5 fr.

On vend séparément :

Iᵉʳ Fascicule : *Les ateliers de Londres*............ 2 fr. 50 c.
IIᵉ Fascicule : *Les ateliers d'Europe* .... 3 fr. 50 c.

Balagny (George). — *L'Hydroquinone.* Nouvelle méthode de développement. In-18 jésus ; 1889. 1 fr.

Batut (Arthur). — *La Photographie appliquée à la reproduction du type d'une famille, d'une tribu ou d'une race.* In-16 colombier, avec 2 planches phototypiques; 1887. 1 fr. 50 c.

Burton (W.-K.). — *A B C de la Photographie moderne,* contenant des instructions pratiques sur le *Procédé sec à la gélatine.* Traduit sur la 3ᵉ édition anglaise par G. HUBERSON. 3ᵉ édition, revue et augmentée. In-18 jésus avec figures; 1889. 2 fr. 25 c.

Clément (R). — *Méthode pratique pour déterminer exactement le temps de pose en Photographie,* applicable à tous les procédés et à tous les objectifs, indispensable pour l'usage des nouveaux procédés rapides. 2ᵉ édition. In-18, 1884. 1 fr. 50 c.

Colson (R.). — *La Photographie sans objectif.* In-18 jésus, avec planche spécimen ; 1887. 1 fr. 75 c.

Colson (R.). — *Procédés de reproduction des dessins par la lumière.* In-18 jésus ; 1888. 1 fr.

Cordier (V.). — *Les insuccès en Photographie; causes et remèdes.* 6ᵉ édition avec figures. In-18 jésus; 1887. 1 fr. 75 c.

Davanne. — *La Photographie. Traité théorique et pratique.* 2 beaux volumes grand in-8, avec nombreuses figures, se vendant séparément :

Iʳᵉ PARTIE : Notions élémentaires. — Historique. — Épreuves négatives. — Principes communs à tous les procédés négatifs. — Epreuves sur albumine, sur collodion, sur gélatinobromure d'argent, sur pellicules, sur papier. Avec 2 planches spécimens et 120 figures dans le texte; 1886. 16 fr.

II° Partie : Epreuves positives aux sels d'argent, de platine, de fer, de chrome. Epreuves par impressions photomécaniques. — Divers : Les couleurs en Photographie. Epreuvs stéréoscopiques. Projections, agrandissements, micrographie. Réductions, épreuves microscopiques. Notions élémentaires de Chimie; vocabulaire. Avec 2 planches spécimens et 114 fig. dans le texte ; 1888.　　　　　16 fr.

Dumoulin. — *La Photographie sans laboratoire* (Procédé au gélatinobromure. Agrandissement simplifié). In-18 jésus ; 1886.
　　　　　1 fr. 50 c.

Eder (le Dr J.-M.), Directeur de l'École Royale et Impériale de Photographie à Vienne, Professeur à l'Ecole industrielle de Vienne, etc. — *La Photographie instantanée, son application aux Arts et aux Sciences.* Traduction française de la 2° édition allemande par O. Campo, Membre de l'Association belge de Photographie. Grand in-8, avec 197 figures dans le texte et une planche spécimen ; 1888.　　　　　6 fr. 50 c.

Elsden. — *Traité de météorologie à l'usage des photographes.* Traduit de l'anglais par Hector Colard. In-8, avec figures ; 1888.　　　　　3 fr. 50 c.

Geymet. — *Traité pratique de Photographie* (Éléments complets. Méthodes nouvelles, Perfectionnements), suivi d'une Instruction sur le *procédé au gélatinobromure.* 3° édition. In-18 jésus ; 1885.　　　　　4 fr.

Geymet. — *Traité pratique du procédé au gélatinobromure.* In-18 jésus ; 1885.　　　　　1 fr. 75 c.

Geymet. — *Traité pratique de Photolithographie.* 3° édition. In-18 jésus ; 1888.　　　　　2 fr. 75 c.

Geymet. — *Traité pratique de Phototypie.* 3° édition. In-18 jésus ; 1888.　　　　　2 fr. 50.

Geymet. — *Procédés photographiques aux couleurs d'aniline.* In-18 jésus ; 1888.　　　　　2 fr. 50 c.

Geymet. — *Traité pratique de Photogravure sur zinc et sur cuivre.* In-18 jésus ; 1886.　　　　　4 fr. 50 c.

Geymet. — *Traité pratique de gravure et d'impression sur zinc par les procédés héliographiques.* 2 volumes in-18 jésus, se vendant séparément :

　Ire Partie : Préparation du zinc ; 1887.　　　　　2 fr.

　II° Partie : Méthodes d'impression.—Procédés inédits ; 1887.
　　　　　3 fr.

Geymet. — *Traité pratique de gravure en demi-teinte par l'intervention exclusive du cliché photographique.* In-18 jésus ; 1888.　　　　　3 fr. 50 c.

Geymet. — *Traité pratique de gravure sur verre par les procédés héliographiques.* In-18 jésus ; 1887.　　　　　3 fr. 75 c.

Geymet. — *Traité pratique des émaux photographiques. Secrets* (tours de mains, formules, palette complète, etc.) à l'usage du *photographe émailleur sur plaques et sur porcelaines.* 3° édition. In-18 jésus ; 1885.　　　　　5 fr.

Geymet. — *Traité pratique de Céramique photographique.* Épreuves irisées or et argent (Complément du *Traité des émaux photographiques.*) In-18 jésus; 1885. 2 fr. 75 c.

Geymet. — *Traité pratique de gravure héliographique et de galvanoplastie.* 3ᵉ édition, in-18 jésus ; 1885. 3 fr. 50 c

Godard (**E.**), Artiste peintre décorateur. — *Traité pratique de peinture et dorure sur verre. Emploi de la lumière ; application de la Photographie.* Ouvrage destiné aux peintres, décorateurs, photographes et artistes amateurs. In-18 jésus ; 1885. 1 fr. 75 c.

Joly. — *La Photographie pratique.* Manuel à l'usage des officiers, des explorateurs et des touristes. In-18 jésus ; 1887. 1 fr. 50 c.

Klary, Artiste photographe. — *Traité pratique d'impression photographique sur papier albuminé.* In-18 jésus, avec figures ; 1888. 3 fr. 50 c.

Klary. — *L'Art de retoucher en noir les épreuves positives sur papier.* In-18 jésus avec figures ; 1888. 1 fr.

Klary. — *L'Art de retoucher les négatifs photographiques.* In-18 jésus ; 1888. 2 fr.

Klary. — *L'éclairage des portraits photographiques.* 6ᵉ édition, revue et considérablement augmentée par HENRY GAUTHIER-VILLARS. In-18 jésus, avec fig. dans le texte ; 1887. 1 fr. 75 c.

Klary. — *L'éclairage des portraits photographiques. Emploi d'un écran de tête mobile et coloré.* 6ᵉ édition, revue et considérablement augmentée, par HENRY GAUTHIER-VILLARS. In-18 jésus, avec figures dans le texte; 1887. 1 fr. 75.

Klary. — *Les Portraits au crayon, au fusain et au pastel obtenus au moyen des agrandissements photographiques.* In-18 jésus; 1889. 2 fr. 50 c.

Le Bon (**Dʳ Gustave**). — *Les levers photographiques et la Photographie en voyage.* 2 vol. in-18 jésus se vendant séparément :

Iᵐ PARTIE : Application de la Photographie à l'étude géométrique des monuments et à la Topographie. In-18 jésus, avec figures dans le texte; 1889. 2 fr. 75 c.

IIᵉ PARTIE : Opérations complémentaires des levers photographiques. In-18 jésus; avec figures dans le texte; 1889. 2 fr. 75 c.

Les deux volumes ensemble. 5 fr.

Londe (**A.**), Chef du service photographique à la Salpêtrière. — *La Photographie instantanée.* In-18 jésus, avec belles figures dans le texte ; 1886. 2 fr. 75 c.

Londe (**A.**). — *La Photographie dans les Arts les Sciences et l'Industrie.* In-18 jésus, avec 2 spécimens; 1888. 1 fr. 50 c.

Mouchez (Amiral). — *La Photographie astronomique à l'Observatoire de Paris et la Carte du Ciel.* In-18 jésus, avec figures dans le texte et 7 planches hors texte, dont 6 photographies de la Lune, de Jupiter, de Saturne, de l'amas des Gémeaux, etc., reproduites par l'héliogravure, la photoglyptie, etc., et une planche sur cuivre ; 1887. 3 fr. 50 c.

Pierre Petit (Fils). — *La Photographie industrielle.* Vitraux et émaux. Positifs microscopiques. Projections. Agrandissements. Linographie. Photographie des infiniment petits. Imitations. de la nacre, de l'ivoire, de l'écaille. Editions photographiques Photographie à la lumière électrique, etc. In-18 jésus; 1883.
2 fr. 25 c.

Pizzighelli et Hübl. — *La Platinotypie. Exposé théorique et pratique d'un procédé photographique aux sels de platine, permettant d'obtenir rapidement des épreuves inaltérables.* Traduit de l'allemand par HENRY GAUTHIER-VILLARS. 2ᵉ édition, revue et augmentée. In-8, avec figures et platinotypie spécimen; 1887.

Broché....... 3 fr. 50 c. | Cartonné avec luxe. 4 fr. 50 c.

Rayet (G.). — *Notes sur l'histoire de la Photographie astronomique.* Grand in-8; 1887.
2 fr.

Roux (V.). — *Photographie isochromatique.* Nouveaux procédés pour la reproduction des tableaux, aquarelles, etc. In-18 jésus; 1887.
1 fr. 25 c.

Simons (A.). — *Traité pratique de photo-miniature, photo-peinture et photo-aquarelle.* In-18 jésus; 1888.
1 fr. 25 c.

Tissandier (Gaston). — *La Photographie en ballon,* avec une épreuve photoglyptique du cliché obtenu à 600ᵐ au-dessus de l'île Saint-Louis, à Paris. In-8 avec figures; 1886. 2 fr. 25 c.

Viallanes (H.), Docteur ès Sciences et Docteur en Médecine. — *Microphotographie. La Photographie appliquée aux études d'Anatomie microscopique.* In-18 jésus, avec une planche phototypique et fig. dans le texte; 1886.
2 fr.

Vidal (Léon). — *La Photographie des débutants.* Procédé négatif et positif. In-18 jésus, avec figures dans le texte; 1886.
2 fr. 50 c.

Vieuille (G.). — *Nouveau guide pratique du photographe amateur.* 2ᵉ édit., entièrement refondue. In-18 jésus; 1889. 2 fr. 75 c.

Vogel. — *La Photographie des objets colorés avec leurs valeurs réelles.* Traduit de l'allemand par HENRY GAUTHIER-VILLARS. Petit in-8, avec figures dans le texte et 4 planches; 1887.

Broché............. 6 fr. | Cartonné avec luxe.. 7 fr.

(Janvier 1889.)

Paris. — Imp. Gauthier-Villars et fils, 55, quai des Grands-Augustins.